はじめに

「The ビギニングシリーズ」の第4弾は、
メカトロニクス（機械、電気電子、情報の一体化技術）にとって、
必要不可欠な「センサ」についてとりあげ、初歩から学ぼうとする方、
センサを使用してモノを動かしたいという方に向けて、
最初に読んでいただきたいという思いを込めて執筆した渾身の一冊です。
したがって、本書は、
機械システムを制御するためのセンサ（略してメカトロ・センサ）
についてスポットを当てた内容となっています。
一般的に、センサは電子部品なので、電気の知識が必要になりますが、
初心者や異分野の方でも、センサの要点をつかみやすいように、
できるだけ難しい専門用語や数式の使用は避け、
多くのイラストや事例を用いてわかりやすく説明しています。
また、実際の現場では、センサの構造や仕組み・原理原則よりもむしろ、
多くの中から目的・条件などに合うセンサをどう選定すればよいか
という実践的能力が求められます。
そこで、メカトロ・センサを選定する上で、これを知らないと困るであろう
１）制御のこと（メカトロ・センサの役割）
２）電気信号や入出力のこと
３）センサの種類とそれぞれの特徴
４）センサが持つ特性やデータシートの読み方
５）センサが取得した情報を処理すること
など、必要最低限、おさえておくべきポイントを
１ページ読み切り、章立てにしてまとめています。
入門書として、多岐に渡るセンサを系統的にまとめていますので、
メカトロニクス製品に携わる方のより良い製品作りにご活用いただければ幸いです。
本書を活用して、センサの知識を習得し、
実際にご自身の手で機械を制御できるようになることを切に期待しています。

西田麻美（工学博士）

メカトロ・センサ The ビギニング 制御に用いるセンサの選定と使い方

> もくじ

第1章 機械を制御するための メカトロ・センサの狙い

1. メカトロニクスの5大要素 …………10
2. メカトロニクス要素とセンサの関係 …………11
3. メカトロ・センサの呼び方と区分 …………12
4. メカトロ・センサが有する2つの立ち位置 …………13
5. 制御方法によってセンサの選定が変わる …………14
6. シーケンス制御とフィードバック制御 …………15
7. シーケンス制御のセンサMAP …………16
8. フィードバック制御のセンサMAP …………17
9. アナログ出力におけるセンサ技術 …………18
10. ディジタル出力におけるセンサ技術 …………19
11. メカトロ・センサが持つ五感 …………20
12. メカトロ・センサの測定対象は主に「物理量」…………21
13. メカトロ・センサの測定対象(事例) …………22
14. 内界センサと外界センサ …………23
15. 測定対象(物理量)の性質が持つ効果や現象 …………24
16. 物理量と単位変換 …………25
17. センサの選び方の「絞り込み項目」…………26

第2章 メカトロ・センサを知るための 「電気信号」と「入出力」のいろは

1. センサには2つの重要な機能がある …………28
2. 電気信号の種類 …………29
3. 電気信号の使い方 …………30
4. アナログ信号とディジタル信号 …………31
5. アナログ信号とディジタル信号の伝達上の違い …………32
6. アナログ信号とディジタル信号の表現の仕方 …………33
7. 電気信号の機能の呼び方 〜入力と出力〜 …………34
8. 電流出力と電圧出力 …………35
9. アナログ入出力とスケーリング …………36

10. ディジタル入出力とインタフェース ……………37
11. ディジタル信号の入出力と変換(しきい値) ……………38
12. しきい値にはTTLとCMOSがある ……………39
13. 直接変換型と間接変換型／リニアライズ ……………40
14. センサは信号変換の連鎖である ……………41
15. 電圧値に変換するためのいろいろな変換方式 ……………42
16. センサの基本構造／電源線と信号線 ……………43
17. センサのNPNとPNP(トランジスタ) ……………44
18. NPNとPNPの接続の仕方 ……………45
19. 電源の形式／バイポーラとユニポーラ ……………46
20. センサには電源の有無が重要！ ……………47
[コラム] Dr.まみ先生の30分間メイキング！センサを動かしてみよう その1 ………48

第3章 メカトロ・センサの代表的な特性

1. メカトロ・センサの7つの「基本特性」……………50
2. センサを選ぶときの指針「電気的特性」……………51
3. 電気的特性には静特性と動特性がある ……………52
4. 第1番目に重要な特性「感度」……………53
5. どのくらい細かく測れるか「分解能」……………54
6. どの方向に対して感度が良いか「指向性」……………55
7. 制御のしやすさ、使いやすさ「線形性(直線性)」……………56
8. 測定可能な最大値の幅「フルスケール」……………57
9. 行きと帰りは同じかどうか「ヒステリシス」と「応差」……………58
10. どの程度同じ反応を繰り返せるか「再現性」と「単調性」……………59
11. どのくらい素早く、正しく、追従するか「応答性」……………60
12. 周波数(Hz)と回転数(rpm)の関係 ……………61
13. 応答時間(立ち上がり時間と立ち下がり時間) ……………62
14. 応答性を示す目安「時定数」……………63
15. 応答がにぶくなる部分を知る「周波数特性」……………64
16. 時間遅れをどれくらいカバーできるか「ゲイン」……………65
17. 測定範囲内の遅れに収まっているか「位相」……………66
18. センサの応答の限界を知る「ボード線図」……………67
19. 周波数特性の用語〜まとめ〜 ……………68

第4章 データシートの読み方とキャリブレーション

1. データシートと言えば「凡例」……………70
2. データシートを読む前の準備 ……………71
3. 一瞬たりとも超えてはならない「絶対最大定格」……………72
4. 安心して使える範囲が示される「推奨動作条件」……………73
5. 安定動作の生命線「電源ユニットの選び方」……………74
6. 電源を決めるときに必要な「消費電流と定格出力電流」……………75
7. 交流を使うときにチェックする「最大実効電流」……………76
8. 変動するので気をつけて！「電源電圧」と「ピーク・ツー・ピーク」……………77
9. 誤差の要因となる「オフセット電圧」……………78
10. 変動割合が比例となる「レシオメトリック特性」……………79
11. 放置しているときに注意する「保存温度」……………80
12. 使っているときに注意する「動作温度」……………81
13. 熱によって特性が変化する「温度ドリフト」……………82
14. 寿命を考えるなら「ディレーティングカーブ」……………83
15. 直線性が保証される「出力不飽和範囲」……………84
16. 誤差が生じる発生要因 ……………85
17. 補正しなければならない3つの誤差
    「ゲイン誤差」「オフセット誤差」「線形性誤差」……………86
18. キャリブレーションと較正テーブル ……………87
19. センサの証明書「トレーサビリティ」……………88
20. キャリブレーションの方法〜その1〜 ……………89
21. キャリブレーションの方法〜その2〜 ……………90
22. 誤差の予測をしよう！「回帰分析」と「最小二乗法」……………91
    [コラム] Dr.まみ先生の30分間メイキング！センサを動かしてみよう その2 ………92

第 ❺ 章　シーケンス制御で使われるセンサ

1. シーケンス制御の構成と概要 …………94
2. シーケンス制御で選定されるセンサMAP …………95
3. 代表的な4つの接触式センサ …………96
4. 接触式センサのポイント …………97
5. 接触式センサの接点の名称 …………98
6. 接触式センサの用語と説明 …………99
7. 代表的な非接触式センサ 〜光センサ〜…………100
8. 光電センサと選定ポイント …………101
9. 光電センサの検討項目と応用例 …………102
10. フォトインタラプタ（フォトカプラ）…………103
11. フォトインタラプタの応用 …………104
12. 近接センサ …………105
13. イメージセンサ（CCD）…………106
14. 磁気センサと分類 …………107
15. 加速度センサとジャイロセンサ …………108
16. ひずみゲージ・ロードセル …………109
17. 温度センサ …………110
18. 自動化におけるセンサ応用例 <その1> …………111
19. 自動化におけるセンサ応用例 <その2>…………112
[コラム] Dr.まみ先生の30分間メイキング！ センサを動かしてみよう その3 ………113

第 ❻ 章　フィードバック制御で使われるセンサ

1. フィードバック制御（サーボ機構）の概要…………116
2. フィードバック制御で使うセンサMAP…………117
3. ディジタル／位置と速度を検出／ロータリーエンコーダ…………118
4. ロータリーエンコーダ/インクリメンタル型…………119
5. インクリメンタル型の方式…………120
6. インクリメンタル型の逓倍機能…………121
7. インクリメンタル型の仕様と検出方式…………122
8. インクリメンタル型の特性と使用条件…………123
9. ロータリーエンコーダの出力形式…………124
10. ロータリーエンコーダ/アブソリュート型…………125

5

11. アブソリュートの分解能 …………126
12. アナログ/位置と速度を検出/レゾルバ …………127
13. レゾルバの軸倍角 …………128
14. アナログ／速度を検出／タコジェネレータ …………129
15. タコジェネレータの仕様と選定ポイント …………130
16. アナログ/速度を検出/磁気センサ …………131
17. アナログ/位置を検出/ポテンショメータ …………132
18. ポテンショメータの仕様 …………133
19. ポテンショメータのカーブ曲線 …………134
20. 自動化におけるセンサ応用例(スキャニングシステム) …………135
21. 自動化におけるセンサ応用例(2つのコンベアの高速同期制御) …………136
[コラム]Dr.まみ先生の30分間メイキング！センサを動かしてみよう その4 ………137

第7章 増幅回路とフィルタ回路 ～アナログ信号処理技術①～

1. アナログ信号処理とシグナルパス …………140
2. アナログ回路とディジタル回路 …………141
3. 増幅回路と言えばオペアンプ …………142
4. オペアンプの構成 …………143
5. 両電源と単電源 …………144
6. オペアンプの基本原理 …………145
7. オペアンプの機能　～反転と非反転～ …………146
8. オペアンプの増幅率　～ゲイン～ …………147
9. オペアンプの増幅の限界値 …………148
10. オペアンプの使い方　～イマジナリショート～ …………149
11. イマジナリショートの考え方 …………150
12. オペアンプ回路をシーソーのイメージで考える …………151
13. ノイズとフィルタ回路～低周波と高周波～ …………152
14. ローパスフィルタとハイパスフィルタ …………153
15. ローパスフィルタとRC回路 …………154
16. ローパスフィルタとハイパスフィルタの仕組み …………155
17. カットオフ周波数 …………156
18. 増幅回路とフィルタ回路のまとめ(応用例) …………157
[コラム]Dr.まみ先生の30分間メイキング！センサを動かしてみよう その5………158

第8章 A/D変換器
～アナログ信号処理技術②～

1. インタフェースの基礎知識 …………160
2. エンコーダとデコーダ …………161
3. A/Dコンバータとコンパレータ …………162
4. 2進数と10進数（おさらい）…………163
5. 情報の単位：ビットと分解能 …………164
6. A/D変換の原理～標本化、量子化、符号化～ …………165
7. 基準電圧（リファレンス電圧）と分解能 …………166
8. 基準電圧と入出力レンジ …………167
9. サンプリングレートとビット深度 …………168
10. A/D変換方式 …………169
11. A/D変換の単位：リファレンス電圧と1 LSB …………170
12. 分解能と精度の違い …………171
13. センサ（分解能）の目安と選定ポイント …………172
14. A/Dコンバータのデータシートの見方 …………173
15. A/D変換器のまとめ …………174

参考資料① …………175
参考資料② …………176

第 1 章

機械を制御するための
メカトロ・センサの狙い

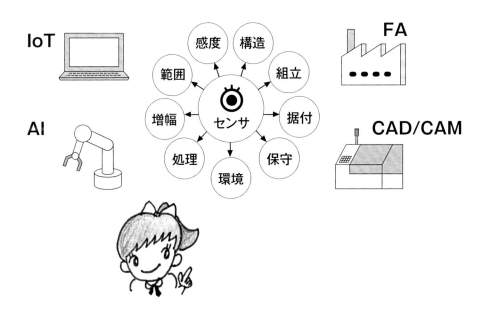

1 メカトロニクスの5大要素

産業用ロボットをはじめとする機械システムは、①メカニズム、②アクチュエータ（動力源）、③センサ、④電気電子回路、⑤コントローラの5つの技術が融合されて生み出されています。この5つの技術を「メカトロニクス要素」と言います。メカトロニクスは、それらのどれが欠けてもうまくいかず、それぞれの要素が舞台演劇のように互いに支え合ってシステムを作り出しています。

中でも機械やロボットを動作させる上で必要な情報を検出するセンサは、システムの動作や機能を決定する重要なポジションを務めています。ところがセンサの種類は非常に多く、多種多様であるため、どんなセンサが世の中にあり、どういう原理やしくみでセンシングするのかを知らないと、条件に見合うセンサを選ぶことができません。

そこで本書では、実務的な観点から、メカトロニクスのセンサの選定に関する基礎知識について説明します。

メカトロニクス製品に必要な5つの技術

システム設計には、個々の要素技術と統合する技術の両者が必要

	メカトロ要素群	主な役割	人間に対応
5大要素	メカニズム	実際の仕事をする	骨格
	アクチュエータ	メカニズムを動かす	筋肉
	センサ	状態や情報を検知する	視覚
	電気電子回路	要素と要素を循環させる	神経
	コントローラ	指令を与える	頭脳

センサは、状態（情報）を見て、判断して、行動するための重要なカギ

2 メカトロニクス要素とセンサの関係

メカトロニクス製品を支えるセンサ（略してメカトロ・センサと呼びます）は、メカニズムやアクチュエータの状態を感知して、その情報（信号）をコントローラ側に知らせるのが主な役どころです。コントローラは、センサから情報を受けなければ、何をどう処理すればよいかがわかりません。センサが正確に情報を取得し、その情報をしっかりとコントローラ側へ受け渡すことで、意図した通りに機械を動かすことができます。

センサが情報を感知してからメカニズムが仕事をするまでには、いろいろなエネルギーの受け渡し（入る・出る）がやり取りされています。これを「エネルギー変換の連鎖」と言います。連鎖の意味は、1つのモノが別のモノとつながっていくことです。つまり、センサ技術とは、何を入れて、何を出して、どうつなげていくのかを理解することからはじまります。

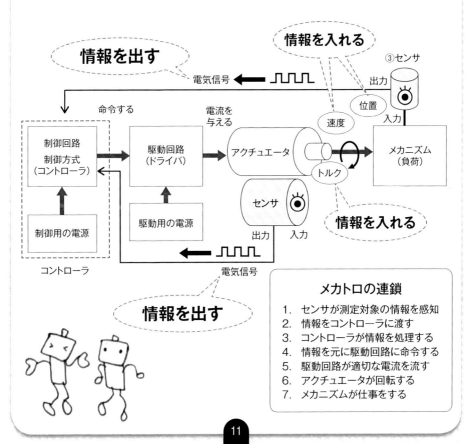

3 メカトロ・センサの呼び方と区分

センサは、一般的に、「センサ装置」＞「センサモジュール」＞「センサデバイス」と区分されています。

①センサデバイス

エレキ屋さんやソフト屋さんは、センサを「デバイス」と呼ぶことがあります。「デバイス」とは、単体で特定の機能を持つ電子部品・機器・周辺機器を指して使われますが、メカトロニクスにおいてデバイスは、最小単位の部品（素子）を意味します。

②センサモジュール

「センサモジュール」は、センサデバイス（素子）をきちんと動かすために、抵抗やコンデンサなどの電子部品を基板にまとめて機能できるようにしたものです。センサモジュールには、信号を増幅させるアンプやその他のいろいろな回路も含まれています。このように、ある機能要件を満たすために、部品を寄せ集めて１つにしたものをモジュールと呼びます。

③センサ装置

「センサ装置」は、１つの機能だけでなく、センサを活用するためのさまざまな機能・要素をとりまとめてパッケージにしたものです。これにはマイコンや電源なども含まれます。一般的に、多くのセンサ装置は、目的によって作り変えることのできるカスタムメイドです。

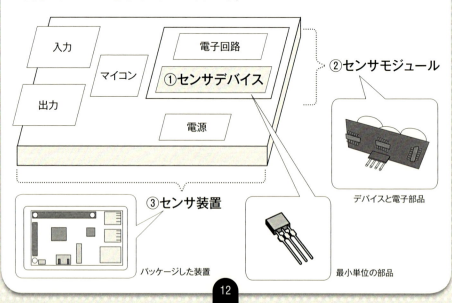

4 メカトロ・センサが有する2つの立ち位置

　メカトロニクスでは、どのように機械を動かすかによってセンサの選び方が変わります。機械やロボットを動かす方法は、メカニズムが主役になる場合と、コントローラ（制御）が主役になる場合とに大別されます。設計者が、どちらを主役にするのかによって、センサの立ち位置が次のように大きく変わります。

◆メカニズムが主役のときのセンサの立ち位置

　メカニズムはその名の通り機構（メカ）を指し、その真髄はカラクリです。カラクリは、アクチュエータからの動力をリンクやカムなどの仕掛けによって運動力に変え、目的の動作を達成させます。カラクリを使った機械システムは、それぞれの動作をロスなく確実に実行し、高速に動かす設計に注力します。ここでは、センサをなるべく省くことで合理化・効率化が実現できます。これにより、安価で大量生産という価値を機械に与えることができます。

◆コントローラ（制御）が主役のときのセンサの立ち位置

　コントローラ（制御）を駆使すると、より高精度で付加価値の高い製品を設計することができます。ここでは、センサはその製品を左右する中核的な役割を一手に担います。高精度に、きめ細かく、素早く動作させるには、センサで状態を常に監視しながら、メカやアクチュエータを操ることが求められます。センサが適切な情報を得たり、与えたりするため、コントローラとセンサは一心同体になります。

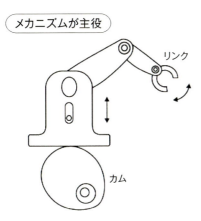

センサはなるべく使わない

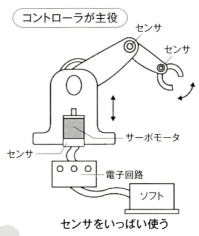

センサをいっぱい使う

5 制御方法によってセンサの選定が変わる

　メカトロ・センサは、情報を受け渡すコントローラと切っても切れない深い関係があります。そのため、コントロール（制御）についての理解も必要不可欠です。
　自動制御には、大きく分けて「シーケンス制御」と「フィードバック制御」があります。シーケンス制御は、ON・OFF制御とも呼ばれ、メカニズムが主役のときに採用されている方式です。この制御方式と組み合わせるセンサは、ON・OFF（ある・なし）で検出できるものが選ばれています。例えば、「リードスイッチ」や「リミットスイッチ」などのスイッチ類があげられます。
　一方、フィードバック制御は、精度が要求されるときに用いられる方式で、コントローラが主役のときに採用されています。この方式では、システムの状態量や変化量をきめ細かに検出しなければなりません。したがって、情報を「量」として検出できるセンサが必要です。例えば、「エンコーダ」などが用いられています。

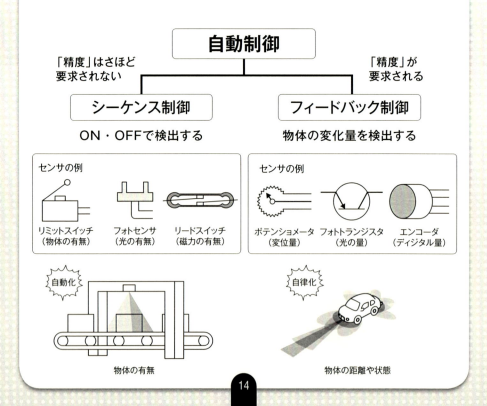

6 シーケンス制御とフィードバック制御

ここで、シーケンス制御とフィードバック制御の概要について説明します。

◆シーケンス制御

シーケンス制御は、あらかじめ決められた順序に従って、あらかじめ決められた動作を行う制御です。シーケンス（sequence）には、「連続」という意味があります。例えば、信号機は、スイッチが押されると（通常は自動で）、「青」→「黄」→「赤」→「青」と動作を連続的に繰り返すシーケンス制御が用いられています。ここでは、「しっかりと赤色を表示させる」という精度よりも、確実に、順序よく、動作することが求められます。このようなメカトロ製品は、産業界にたくさんあります。

あらかじめ決められた順序

◆フィードバック制御

フィードバック制御は、動作の状態を常に監視して、調整しながら行う制御です。例えば、エアコンは設定した温度になるように、センサが部屋の温度を検出し、コントローラでモータの回転量を調整します。このようにフィードバック制御は、状態の変化に対応しながら高い精度でコントロールしたいメカトロ製品などで利用されています。

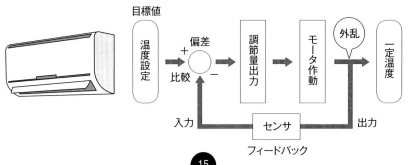

7 シーケンス制御のセンサMAP

　下図は、シーケンス制御におけるセンサMAP（概念図）です。センサ（検出器）によって物体や光などを検出すると、その情報を電気信号に変換して、コントローラ側に知らせます。コントローラの入力ユニットに検出器（例えば、スイッチ）をつなぎ、モータなどのアクチュエータやランプなどを出力ユニットへ接続すれば、比較的簡単な構成で機械を制御することができます。

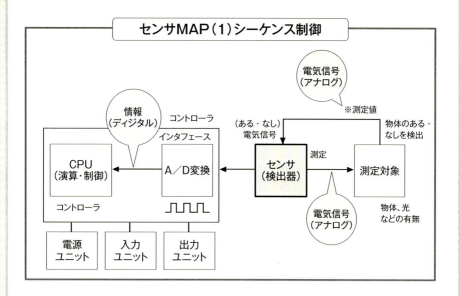

PLC（Programmable Logic Controller）

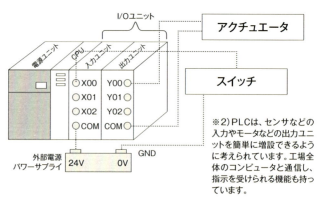

※1）製造現場では、製品を作るラインでスイッチなどの検出器やアクチュエータを制御するためのコンピュータにPLCが使われます。製造現場は温度変化も激しく、ノイズが多い環境です。そのような環境でもしっかりと動くようにPLCは作られています。

※2）PLCは、センサなどの入力やモータなどの出力ユニットを簡単に増設できるように考えられています。工場全体のコンピュータと通信し、指示を受けられる機能も持っています。

8　フィードバック制御のセンサMAP

　下図は、フィードバック制御におけるセンサMAP（概念図）です。センサが電圧、電流、抵抗などの変化量を感知すると、その情報を電気信号に変換してコントローラ側へと知らせます。フィードバック制御は、高精度な制御を行うために、感知された小さな信号を増幅回路で大きくさせます。増幅した信号には、いろいろなノイズが含まれてしまうので、フィルタ回路によって余計なノイズを除去します。そして、整えられたアナログ情報からディジタル情報（A／D）に変換された信号をマイコンやコンピュータが受けとると、適切にその情報を処理しながら機械を制御することができます。

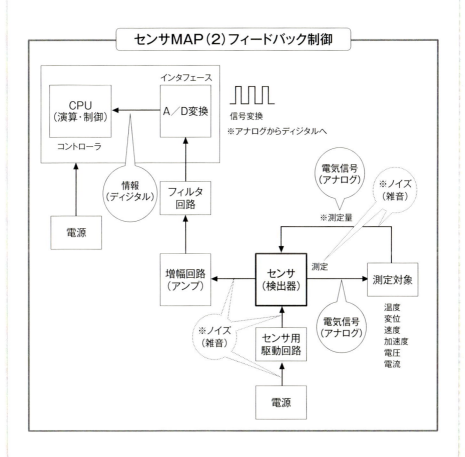

9 アナログ出力におけるセンサ技術

　近年のメカトロ・センサは、AI（人工知能）やIoT（すべてのモノがインターネットにつながる技術）などの後押しを受けて、システムの価値を向上させるカギを握っています。ディジタル時代の今日では、センサとセンサがやり取りして、次から次へとさまざまな製品を実現することでしょう。一方で、メカトロニクス製品は、生の情報を扱えるアナログセンサを用いた方が、かえってシステムの強みを発揮できる場合が意外と多いのも事実です。アナログ情報を扱うセンサは、下図のような要素技術の連鎖から構成されています。アナログの場合、必ず発生してしまう誤差などによって検出した情報が劣化してしまう（性能が損なわれる）ため、処理技術を通して正確な情報へと導いてあげられなければ、きちんと後続へ受け渡すことができないという特徴があります。そのため、センサだけでなく、増幅器やフィルタ、A/D変換などの「信号処理技術」についての理解も求められます。

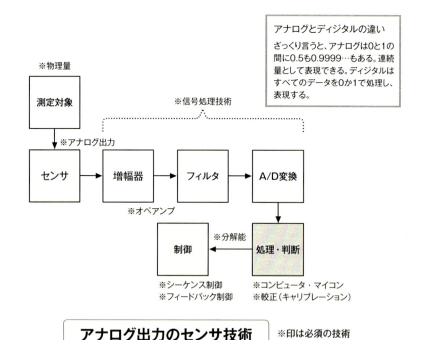

アナログ出力のセンサ技術　※印は必須の技術
連続的な生の情報をそのまま扱う

10 ディジタル出力におけるセンサ技術

　現在の社会では、多くの情報がディジタルでやりとりされています。メカトロニクスで用いられるディジタルセンサは、信号処理技術をはじめディジタル通信インタフェース（ディジタル信号をやり取りする接続装置）などが、1つの基板（IC(※1)の内部）にぎゅっと凝縮されています。下図のように、センサとコンピュータとをシリアル接続(※2)するだけの簡単な構成で正確に情報を伝えることができます。ディジタルセンサの利点は、複雑な情報を劣化せずに（正確に）扱えることやあらゆる機能をプログラムによって実現することができるので測定条件の変更や切り替えができることです。ただし、きちんと設定しないと全く動作しなかったり、ほとんどのセンサに電源が必要になることなどの注意が必要です。メカトロ・センサでは、使用目的や現場の状況をよく把握して、アナログセンサとディジタルセンサ、そしてその周辺知識について理解を深めながら上手に使い分けることが重要です。

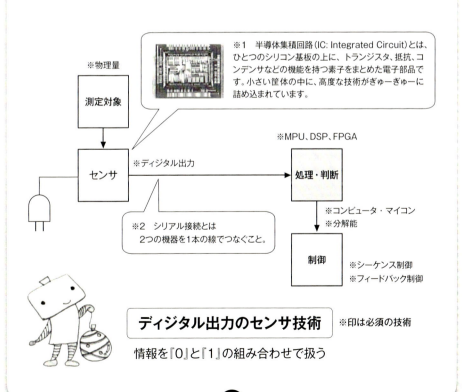

第1章　機械を制御するためのメカトロ・センサの狙い

11 メカトロ・センサが持つ五感

　センサは、人間でいうところの五感（視覚、聴覚、味覚、嗅覚、触覚）と同じ働きをする「電子部品」です。メカトロニクスでは一般的に、1つの情報に対して、その情報の検出に長けたセンサを1つ用います。ロボットのように、たくさんの動作や状態を検出するには、その情報の取得に長けた複数のセンサが必要になります。センサは、あれもこれもそれも感知できない分、種類は多種多様に用意されています。人が感じられるものはもちろん、人の感知することのできないような情報を取得できるセンサもあります。

光センサ
　光の断続や強さを探知して電気信号に変換するセンサです。

超音波センサ
　人間が聴くことができる周波数は約 20 Hz〜20 kHz です。これを「可聴周波数」と言います。超音波センサは、人間の可聴範囲以上の音波を検知します。

圧力センサ
　圧力が加わるとセンサ内の構造が一様に変形して力の大きさや触覚動作を検出します。ひずみゲージは代表的なセンサです。

味覚センサ
　化学感覚（化学的刺激に反応するもの）で感知します。人間は、甘味、酸味、塩味、苦味、うま味の5つの基本味を感知できます。

においセンサ
　化学感覚で感知します。においを形成する分子は40万種以上もあるため、正確な情報に変換するのは難しいとされています。開発事例の少ないセンサです。

	視覚	聴覚	触覚	味覚	嗅覚
人間に対応					
代表的なセンサ	光センサ	超音波センサ	ひずみゲージ（変位センサ）	味覚センサ	においセンサ
対象	物理量			化学量	

12 メカトロ・センサの測定対象は主に「物理量」

　ロボットなどの機械システムは、いくつものセンサを搭載しており、それぞれで情報を検出しています。では「情報」とはどういうものなのでしょう。

　センサが検出する情報には、「化学量」と「物理量」の2つがあります。メカトロニクスでは、主に「物理量」を対象としています。ロボットで言えば、「速度」、「力」、「角度」などの情報があげられます。センサを扱うとき、取得したい物理量がちんぷんかんぷんだと、どう測ってよいのか、どこまで測れるのか、何で測ればよいのかがわからず、「センサの選定ができない」といった結果になってしまいます。また物理量は、自然科学という営みの本質に関わるので、それぞれの物理量がどのような特性を持っているのか、また、なぜそのような現象になるのかを知ることが、センサの選定に大きく役立ちます。

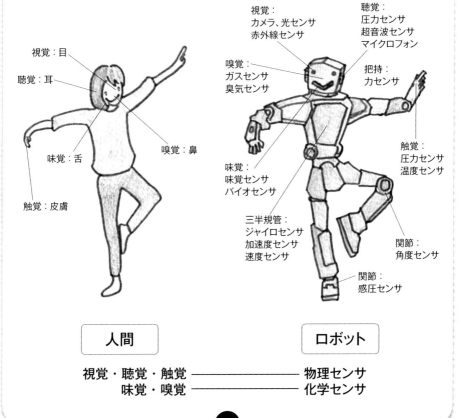

13 メカトロ・センサの測定対象(事例)

　メカトロ・センサが対象としている物理量には8つの基本項目があります。これらはSI単位で表されます。以下にメカトロ製品で検出する物理量の事例を紹介します。

14 内界センサと外界センサ

　目標や目的通りに機械を動かすには、システム内の物理量を検知するセンサと、外部の物理量を検出するセンサの2つが必要です。内部の物理量は、動作（制御量）に関係しており、「内界センサ」と言います。内界センサには、「力（トルク）」、「速度（角速度）」、「加速度（角加速度）」「位置（変位）」などを検出するセンサがあります。一方、周囲の状況などを検出するセンサを「外界センサ」と言います。「温度」や「湿度」などを検出するセンサが代表的です。一般的に、外界センサは変動が大きいため、ロボットのような高精度で動かさなければならない機械システムでは、内界センサで補うように構成します。

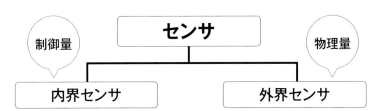

内界センサ
① 力センサ、トルクセンサ、
　 電流センサ、圧力センサ
② 速度センサ、角加速度センサ、
　 角速度センサ、加速度センサ、
　 振動センサ、流速センサ
③ 位置センサ、角位置センサ、
　 変位センサ、距離センサ
②と③を持つロータリーエンコーダ

外界センサ
④ 光センサ
⑤ 磁気センサ
⑥ 温度センサ
⑦ 音声・画像センサ
⑧ マイクロセンサ、MEMSセンサ
⑨ その他
　 赤外線センサ、電力センサ、
　 流量センサ、傾斜センサ、湿度センサ、
　 超音波センサ、近接センサ、など

メカの状況を監視	周囲の状況を監視

内界

外界

15 測定対象(物理量)の性質が持つ効果や現象

センサは、物理量の現象や効果に注目して、その原理を利用しています。

状態量	効果・現象	センサ	原理
光	光起電力効果	フォトダイオード、フォトトランジスタ、イメージセンサ	半導体と金属の接触面に光が当たると電子が接合部を通りやすくなる
	光伝導効果	CdSセル	CdS、CdSe などに光を当てると電気伝導度(抵抗)が変化する
	光電効果	光電センサ	赤外線や紫外線を当てると光のエネルギー(周波数)に比例した電流を放出する
	焦電効果	赤外線センサ	強誘電体が赤外線を受けるとその熱エネルギーによって電荷が生じる
磁気	ホール効果	磁気センサ	物質に流れる電流に対して垂直方向に磁場をかけると電流と磁場の両方に直交する方向に起電力が生じる
	ジョセフソン効果	高感度磁気センサ	2つの超伝導体を薄い絶縁膜を挟んで接合すると、トンネル効果によって電気抵抗を全く受けない電流が流れる
力	圧電効果	ピエゾゲージ	物質に外部から圧力を加えると電荷を発生する
	圧抵抗効果	ストレインゲージ	半導体や金属に機械的なひずみを外部から加えると電気抵抗が変化する
	電気容量変化	マイク	音圧を受けると振動膜と固定電極間の静電容量が変化する
熱	ゼーベック効果	熱電対	物質の両端に温度差を与えるとその両端間に電位差(起電力)が生じる
	ステファン・ボルツマンの法則	赤外線放射温度計	単位時間あたりに放出される黒体放射の全エネルギーは温度の4乗に比例する
	トムソン効果	ペルチェ	1つの金属上で温度の差がある2点間に電流を流すと熱を吸収したり発生したりする
速度	ドップラー効果	移動体検知センサ	音源が動いているときに、音の周波数が変化する
加速度	コリオリの力	加速度センサ ジャイロセンサ	移動している質量に回転を加えるとその軸と直交する方向に力が発生する

センサで使う電気の単位

センサは、電子部品です。電気で使われる単位と意味についてもおさえておきましょう。

① 電力:ワット(W)
電圧Vと電流Iとの積が電力W
$W=VI=RI^2$という関係式がある。

② インピーダンス:オーム(Ω)
コンデンサやコイルは流れる電流の周波数によって抵抗値が変化する。このように周波数に依存性のある抵抗をインピーダンスという。

③ コンダクタンス:ジーメンス(S)
電流の流れやすさの指標。

④ インダクタンス:ヘンリー(H)
コイルに生じる起電力の大きさを表す量。

⑤ コンデンサの容量:ファラッド(F)
電子回路などで電気を蓄える働きをするもの。

16 物理量と単位変換

　センサは、「単位変換装置」と言われるほど、単位変換が頻繁に行われます。メカトロニクスで使われる単位には、機械・電気電子・情報それぞれの分野で使われるN［ニュートン］、周波数のHz［ヘルツ］、bit［ビット］などが混在しており、センサの選定において間違えやすいところでもあります。日ごろから単位について鍛えておきましょう。

ポイント

・単位の基本、kg（キログラム）、m（メートル）、s（秒）をおさえる
・小数点の動かし方をおさえる
・ゼロを何個つけるかをおさえる
・何で割って、何で掛けるかをおさえる
・何乗になっているのかをおさえる

物理量	SI単位	次元 (dimension)
長さ	m	L
質量	kg	M
時間	s	T
速度	m/s	LT^{-1}
加速度	m/s^2	LT^{-2}
力	N, ($kg \cdot m/s^2$)	MLT^{-2}
圧力	Pa, (N/m^2)	$ML^{-1}T^{-2}$
仕事	J, ($N \cdot m$)	ML^2T^{-2}
運動量	$kg \cdot m/s$	MLT^{-1}
角度	rad	無次元
密度	kg/m^3	MLT^{-3}
単位重量	$g/cm^2 \cdot s^2$	$ML^{-2}T^{-2}$

```
メカニズム   ：運動[m/s]   → 仕事[W]
アクチュエータ：電力[A・V]  → 運動[m/s]
駆動回路    ：電流[mA]   → 電力増幅[A]
制御回路    ：指令[pps]  → 電圧[V]
制御方式    ：データ量[kB] → 電気信号[mV]
センサ     ：物理量[N]   → 電気信号[V]
```

第1章　機械を制御するためのメカトロ・センサの狙い

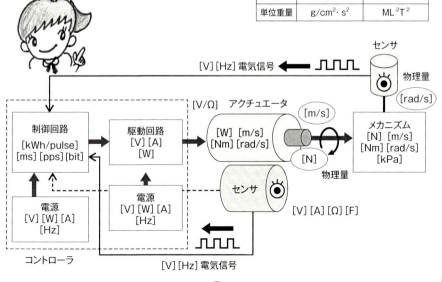

17 センサの選び方の「絞り込み項目」

　メカトロ・センサは、それぞれに得意・不得意があります。はじめに「何を制御するのか（目的）」を明らかにして、①物理量、②用途別、③目的別、④機能・構造別、⑤方法・原理別などを見積もりながら、適切なセンサをある程度絞り込みます。また、センサは、周囲環境によって変動しやすい電子部品なので、保守、構造、据付、耐久性、環境性などにも留意してセンサを絞り込むようにしましょう。

① 物理量による分類
- 力・モーメント
- 温度
- 変位・距離・位置
- 速度・加速度
- 角速度・角加速度・回転数

② 用途別による分類
- 内界センサ
- 外界センサ

③ 目的による分類
- 認識用センサ
- 制御用センサ

④ 機能・構造による分類
- 接触式センサ
- 非接触センサ

⑤ 方法・原理による分類
- 電気式
- 電磁式
- 光学式
- 磁気式
- 機械式
- 振動式
- 流体式

メカトロ・センサを知るための「電気信号」と「入出力」のいろは
(エレキ屋さんには当たり前なメカ屋さんのための電気信号の基本)

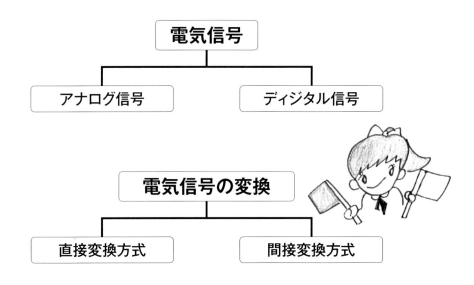

① センサには2つの重要な機能がある

センサには2つの重要な機能があります。それは、「物理量を感知」する機能と「電気信号に変換」する機能です。感知する側を「入力」、変換する側を「出力」と言います。後者の「変換」という言葉を指して、センサは「トランスデューサ（変換器）」と呼ばれることがあります。

さて、電気信号と言えば、厳密には「電力」を意味しますが、メカトロ・センサでは「電圧」を指します。電圧が一定の場合が「直流」、電圧が時間的に正・負に揺れて変動する場合が「交流」です。直流は、常に電圧が一定なので、エネルギーを伝えることはできますが、「電圧がある」という以上の情報は伝えられません。多くの場合、交流の特徴（振幅・周波数・位相）を変化させた電気信号（電圧）として情報を感知・変換しています。

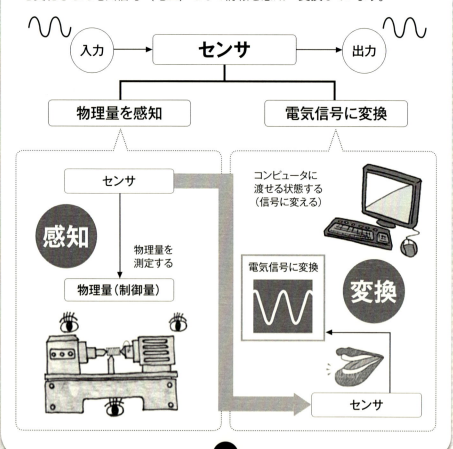

2 電気信号の種類

　電気信号には2つの量があります。それは、「信号の大きさ」と「信号の長さ」です。信号の大きさのことを「振幅」、長さのことを「時間」と言い、これをまとめて「波形」と呼びます。電気信号の波形には、いろいろな種類がありますが、一般的には、下図の①から⑧に分類されます。それぞれの波形で、大きさ（振幅）に変化のない平らな部分Ⓐは、電圧（信号）が時間的に変化していないことを示しています。まっすぐな傾きで示された部分Ⓑは、電圧が一定の割合で直線的に増加・減少していることを意味しています。鋭角な部分Ⓒは急激な変化で電圧が動いた状態です。

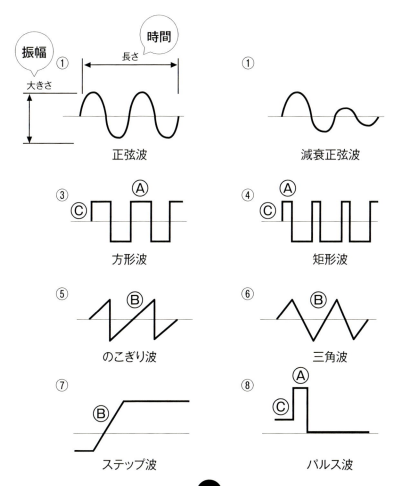

3 電気信号の使い方

　電気信号は、用途によってさまざまな使い道があります。コンセントから供給される電源は交流の正弦波で、システムにパワーを与えます。正弦波は基本的な波形で、調和のとれた性質があります。矩形波は、メカトロニクスではなじみの深い波形で、規則的な間隔で上下する（高・低を繰返す）電圧です。この波形の幅が不連続になるとパルス波となります。パルスは、「入力された信号を用いて計測する用途」と「信号を出力して制御する用途」に分けられます。のこぎり波や三角波は、高速で高効率を実現するシステムにおいて電圧を細かく分割し、階段状（実際には直線的）に制御する際に使われています。

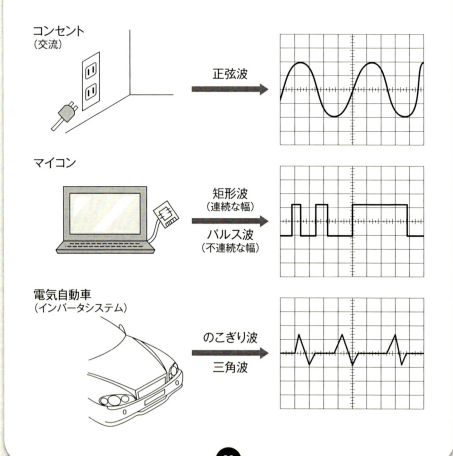

4 アナログ信号とディジタル信号

　電気信号は、「アナログ信号」と「ディジタル信号」とに大きく区別できます。アナログ信号は、交流のような連続した正弦波で情報を伝達します。滑らかに動作を表現できるのが特徴です。一方、ディジタル信号は、パルス波のように、飛び飛びに変化する波形で情報を伝達します。指でモノを数えるように「0、1」、または電圧の「ON、OFF」といった2つの値で情報を扱います。ディジタル（digital）の「digit」のという英語は、指や数字という意味があります。ディジタル信号は、2つの値だけで情報を伝えられるので、高速な情報処理に適した特徴があります。

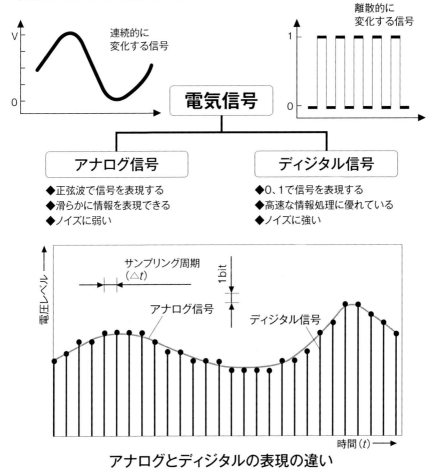

アナログとディジタルの表現の違い

5 アナログ信号とディジタル信号の伝達上の違い

　ディジタル信号は、多少のノイズが含まれていたとしても、すぐに復元でき、同じ品質を保つことができるのが最大の特徴です。また、記録メディアに保存したり、加工や編集をすることも簡単です。

　一方、アナログ信号は、連続した波形の全てが情報となるので、低領域から高広域まで幅広く豊かに表現できます。しかし、ノイズやひずみなどが混入しやすく、そのままだと正しい信号として伝達できない欠点とも言える特徴があります。これを「劣化」と言います。アナログの情報を正確に伝えるためには、劣化した電気信号を正確な状態へと整える必要があります。その対策に「増幅回路」や「フィルタ回路」などの信号処理技術が用いられています。

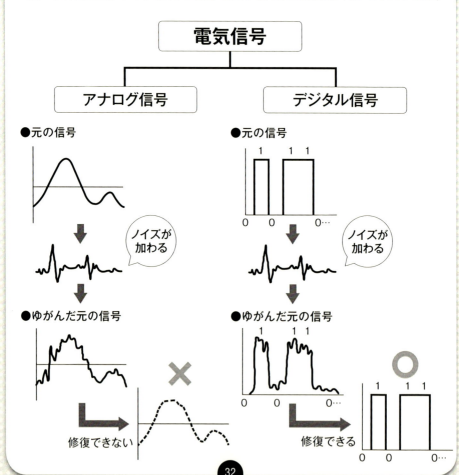

6 アナログ信号とディジタル信号の表現の仕方

アナログ信号は電圧、電流、周波数で電気信号を作ります。一方、ディジタル信号の基本はパルス波です。

パルスは、電圧を一定にして、1周期あたりのON時間とOFF時間の割合で信号を作ることができます。アナログ信号は山と谷があるのに対して、ディジタル信号は山だけです。最も単純なパルス信号は、例えば、電圧の大きさが5Vと0Vで、長さが1秒の信号です。

一般的にセンサは、電圧を一定として、パルス波のデューティ比（パルス幅のON時間とOFF時間の比：下図の式参照）を変化させた電気信号を出力します。

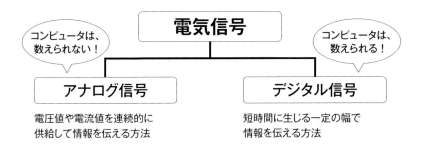

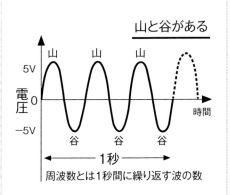

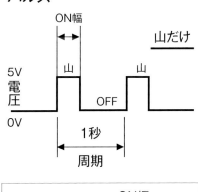

$$デューティ比 [\%] = \frac{ON幅}{周期} \times 100$$

7 電気信号の機能の呼び方
~入力と出力~

　センサには、「アナログ」と「ディジタル」の2つの入出力形式があります。アナログ入力では、回転数や温度など、時々刻々と変化するような値を連続的に読み込むことができます。ディジタル入力は、「ON、OFF（または、ある、なし）」の2つの値で情報を読み込みます。メカトロニクスで感知する測定対象は、ほとんどが時間的な変化を伴うアナログ量なので、アナログ入力のセンサは非常に多く活用されています。センサの仕様には、「アナログ入出力」、「ディジタル入出力」といった記載がされていますが、そのあとの処理で必要となる回路や部品については記載されていません。したがって、それぞれの短所や長所についておさえておく必要があります。

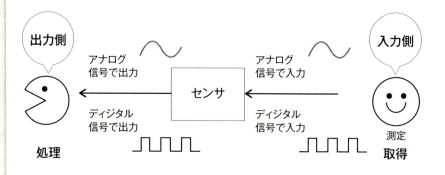

	メリット	デメリット
アナログ出力	比較的回路が簡単 電源不要 安価 情報を無段階に表せる	精度・応答性が良くない ノイズを受けやすい リップル発生 コンピュータとの相性が悪い 多種類の情報伝達ができない
ディジタル出力	瞬時応答 大量の異なる情報伝達 精度がくずれない 情報損失がない（劣化しない）	回路が複雑で高価 信号の周波数や精度に制約あり 電源が必要 最後にアナログ変換が必要

8 電流出力と電圧出力

アナログ出力には、「電圧出力」と「電流出力」の2種類があります。電流出力はノイズの影響を受けにくかったり、センサと負荷の間のリード線を長くしても問題がないなど、誤差の少ない高精度な計測ができるというメリットがあります。しかし、信号出力するには、最終的に抵抗などを使って電圧に変換しなければなりません。一方、電圧出力は、遠距離に信号線を延ばすとノイズが乗りやすく、誤差を生じることがあります。しかし、負荷をいくつでもパラレル接続できる（10台以上可能）というメリットがあります。

選定ポイントとしては、センサまでの配線距離が短い場合では電圧出力、数十m以上信号を伝送する場合には電流出力を使用しています。できれば、両出力に対応可能なセンサかどうかを確認しておくとよいでしょう。

◆アナログ出力の種類

よく使われる出力の範囲には、以下のようなものがあります。例えば、0-10 Vの意味は、出力の範囲が0 Vから10 Vの範囲で出力されるということです。また、4-20 mAでは、通電時は常に4 mAが流れており、断線すると4 mAではなく、0 mAになります。このタイプは、安全性（フェイルセーフ）が考慮されています。

	電圧出力	電流出力
範囲	1) 0〜1V 2) 0〜5V 3) 0〜10V 4) ±10V 5) mV/℃	1) 4〜20mA 2) 0〜20mA
耐ノイズ性	弱い	強い
伝送距離	近距離の場合（盤内配線）	遠距離の場合（数十m以上）
価格	比較的　安価	比較的　高価

9 アナログ入出力とスケーリング

　メカトロニクスでは、アナログ入出力のセンサが多く活用されています。例えば、回転数（0～100rpm）や温度（0℃～30℃）などを読み取り、これを電気信号（1～5Vなど）の電圧値に変換して出力するセンサです。変換では、下図のグラフのように、入力信号の2点を結んだ直線と、出力信号の2点を結んだ電圧値をそれぞれ等価換算します。これを「スケーリング」と言います。アナログ入出力のセンサは、周囲温度やセンサの個体差による変動の影響、劣化が出やすいという欠点があります。したがって、常に安定した状態でセンシングできるように、メカの（構造的な）工夫、また定期的なメンテナンスにも配慮する必要があります。

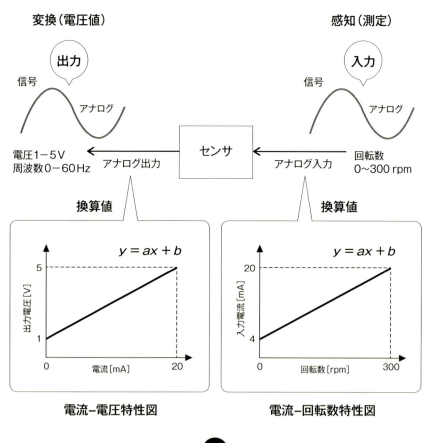

10 ディジタル入出力とインタフェース

　デジタル信号の入出力には、「ビット入出力」、「パラレル入出力」、「シリアル入出力」の3種類のインタフェースが基本です。

◆ビット入出力

　ビット入出力は、GPIO（General Purpose Input/Output）と呼ばれており、1本の端子の電圧信号をそのまま1ビットの2進数（1と0）、または（H/L）として入出力します。最も汎用性が高く、入力にも出力にも使える便利なデジタル信号の入出力方式です。例えば、GPIO端子が8本であれば、4本を入力、4本を出力として使うこともできますし、入力は1本で出力は7本といった使い方も可能です。

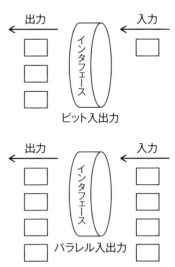

◆パラレル入出力

　パラレル入出力は、デジタル信号をパラレル（並列）に入力・出力するもので、n本端子の電圧（信号）をそのままnビットの2進数として入出力します。ビット入出力との違いは、タイミングパルス（制御用の信号）に同期してデータ入出力ができることです。

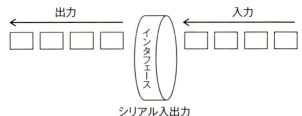

シリアル入出力

◆シリアル入出力

　シリアル入出力は、1本の端子に順次送られてくる電圧信号をnビットの2進数として順次出力します。パラレルであれば8本の端子が必要なものを、シリアルでは一直線に並べて送るので端子は1つで済むというメリットがあります。タイミングを取るためにクロックを使用する同期式（SPIやI^2C）とクロックを使用しない調歩同期式（RS232など）があります。

11 ディジタル信号の入出力と変換(しきい値)

　ディジタル入出力のセンサは、High（1：イチ）かLow（0：ゼロ）で入力と出力が行われます。例えば、0が電圧の0V、1が電圧の5Vです。ディジタル入出力の特長は、信号の判定がゼロかイチのどちらかということなので、その判定が分かれる中間的な部分では、電圧が不安定になることです。この問題を避けるために、しきい値というものを設定しています。しきい値のことを「スレッショルドレベル」と言い、略して信号の「レベル」と表現されます。

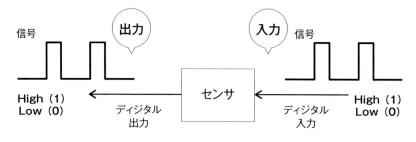

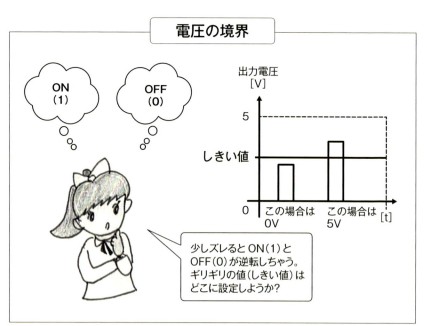

12 しきい値にはTTLとCMOSがある

センサから出力されるディジタル信号のレベル（しきい値）には「TTL」と「CMOS」の2つの規格があります。両者は、同じ5Vという電圧でも、しきい値の区切り方が異ります。仕様では「この電圧以上であれば'H'（5V）として認識しますよ」という電圧をV_{IH}、「この電圧以下であれば'L'（0V）として認識しますよ」という電圧をV_{IL}という略称で示されます。

◆CMOSとTTLの違い

CMOSの入力レベルは、電圧（5V）に対して、"H"レベル、"L"レベルの領域がほぼ均等に分布しています。一方、TTL入力レベルでは、"H"レベル、"L"レベルの領域が偏っています。TLLでは、入力信号の電圧が不安定になると出力もその影響を受けて不安定になるという特性があります。また、CMOSは電圧駆動型ですが、TLLは電流駆動型であり、動作電圧でも違いがあります。近年では、消費電力が低いという理由から、CMOS型が主流となっています。

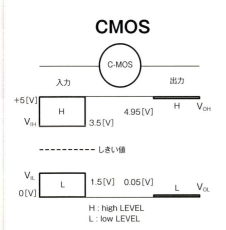

入力のレベルは1.5～3.5［V］の間
電圧によって流れる電流が変わる
電圧駆動型

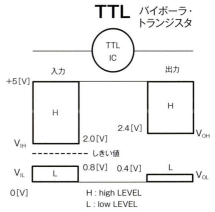

入力のしきい値は0.8～2.0［V］の間
電流量に応じて流れる電流が変化する
電流駆動型

13 直接変換型と間接変換型/リニアライズ

　センサの種類には、感知した情報を直接電気信号（電圧値）に変換する「直接変換型」と、電圧以外の物理量に変換（一次変換）してから、電気信号（電圧値）に変換（二次変換）して取り出す「間接変換型」があります。物理量（アナログ情報）を検出したときには、抵抗値が変化するときに見られる曲線的な挙動（カーブした特性）を示すものも少なくはありません。このような場合は、直線的な変化に換算する回路や処理を通す必要があります。これを「リニアライズ」と言います。

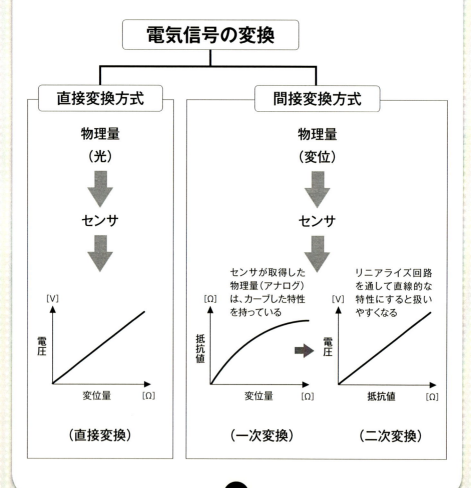

14 センサは信号変換の連鎖である

　メカトロ・センサは、1段階（直接変換）で情報を取得するということは少なく、2段階、3段階と別の量に順次変換されて測定されることが多いと言われています。目的に合うような情報を取得するには、自身で調整することも少なくありません。センサ入力から出力までの変換の流れについては、下図のように整理しておく必要があります。

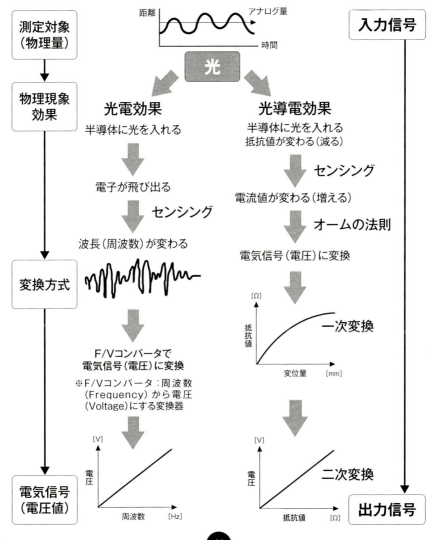

電圧値に変換するための いろいろな変換方式

　電気信号の変換には、いろいろな方式がありますが、最終的に電圧値として出力する理由は、コンピュータが電圧値を使って情報の処理を行っており、その形式に合わせるためです。電気信号（電圧値）としてどのようにコンピュータへ受け渡せばよいかを把握しておきましょう。

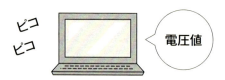

電圧変換	センサ内の電圧が変化し、その変化量をそのまま電気信号（電圧）として測定・処理する。
電流変換	センサ内の電流が変化し、その変化量を電気信号（電圧）に変換して測定・処理する。E＝IRの公式で電圧に変換、または、電流−電圧変換回路などを使う。
抵抗変換	センサ内の抵抗が変化し、その変化量を電気信号（電圧）に変換して測定・処理する。E＝IRの公式で電圧に変換、または、抵抗と組み合わせた分圧回路などを使う。
容量変換	センサ端子間の静電容量が変化し、その変化量を電気信号（電圧）に変換して測定・処理する。静電容量C[F]、電気量Q[C]、電圧E[V]のQ＝CVの公式を使う。（Qが一定、Cが変化するとVが変化する。）
パルス変換	パルスの幅（継続して送る時間）と間隔（オン・オフの間隔）を変化させることにより、電気信号（電圧）として測定・処理する。

16 センサの基本構造／電源線と信号線

　センサは、電気を流すことで動作する電気部品です。そのため、センサの構造には、プラスとマイナスの2つの端子（電線）があります。センサの仕様では、プラスを「V_{cc}」または「V_{dd}」、マイナスを「GND」と表記されています。この2つ端子は、「電源線」と呼ばれ、電源のプラスとマイナスに接続されます。これに加えて、何らかの測定対象（物体）を検出し、その結果を電気信号（電圧）に変換してコントローラ側に知らせる場合、もう1つの端子が必要になります。結果を伝える端子を出力と言います。出力は、「V_{out}」と表記され、「信号線」と呼ばれます。このように、端子（電線）が3本ある場合を「3線式」、2本の場合は、「2線式」と言います。3線式には、「NPN出力」と「PNP出力」があります。2線式のセンサにはPNP、NPNなどの指定はありません。

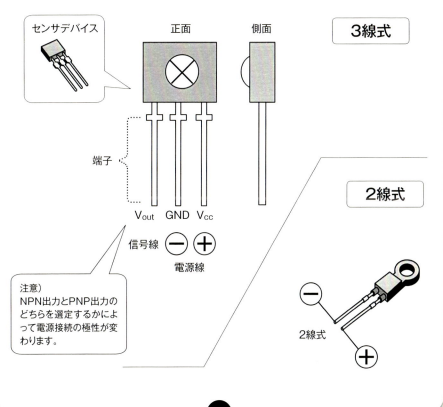

17 センサのNPNとPNP（トランジスタ）

　センサの仕様には、「NPN」や「PNP」という名称がよく出てきます。どちらも半導体のトランジスタという部品を指し、センサではスイッチとして機能します。NやPは、半導体の"重なり方"の違いで、センサを使用する上では、あまり気にする必要はありません。ここで注意すべきは、電流の流れる方向で、下図のような違いがあります。

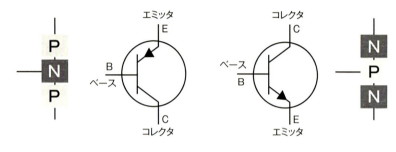

PNPトランジスタ
（電流を流し込むタイプ）

NPNトランジスタ
（電流を引っ張り込むタイプ）

◆動作の説明

　端子には、それぞれ名前がついており、B：ベース、E：エミッタ、C：コレクタと呼びます。流れる電流はトランジスタの構成により向きが決まっていて、PNP型では、ベースにわずかな電流を流すことで、エミッタ、コレクタ間にどばっと電流が流れ、大きなON/OFF制御ができるようになります。NPN型ではコレクタ→エミッタに電流が流れます。間違ってつなぐと、電流が流れず動作しないので注意が必要です。

◆オープンコレクタ出力

　さて、トランジスタは、ベースに電流が流れていないときはコレクタとエミッタ間がオープン（接続されていない）状態になる特性を持っています。この特性を利用してトランジスタのベース電流を制御することでON・OFFの切換スイッチとして使用することができます。C（コレクタ）が電源に接続されていない（オープンの）状態で出力するので「オープンコレクタ出力」と言います。

18 NPNとPNPの接続の仕方

　NPNセンサの場合、コレクタ→エミッタの方向に電流が流れるため、負荷を電源(+)に接続します。PNPセンサでは負荷を電源（GND）に接続します。"負荷"とはセンサの出力先に接続され、センサ出力のON／OFFで制御（コントロール）される機器のことです。

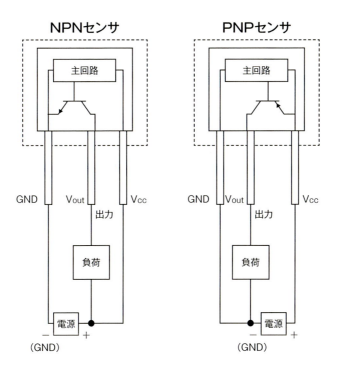

　例えば、何かを検出したときに信号出力するセンサがあるとします。そのセンサが検出したときにLEDを光らせたいとすると、「NPNセンサ」を使って出力先にLED（負荷）を接続すればよいことになります。反対に、何かを検出したときに信号が0Vになるセンサがあるとします。そのセンサが検出したときにLEDを光らせたいとすると、「PNP」を使って回路を作ります。「PNP型」は、配線のどこかが仮に短絡（ショート）していても負荷は動作しないため、安全上の観点からヨーロッパでは多く用いられています。

19 電源の形式／バイポーラとユニポーラ

　アナログ入出力には、電圧域の違いによって「ユニポーラ（unipolar）」と「バイポーラ（bipolar）」の2つの仕様があります。
　例えば、センサを動作させるために5Vの交流電源を使ったとします。ユニポーラの場合、最小電圧を0V、最大電圧を5Vにとって入出力を行います。一方、バイポーラの場合は、0Vを中心にして、最小電圧を−2.5V、最大電圧を＋2.5Vにとって入出力を行います。この幅を「レンジ」と言います。センサの仕様では、「電圧測定レンジはユニポーラ、0〜＋5Vレンジ、または、バイポーラ、−5〜＋5レンジ」というように表現されています。

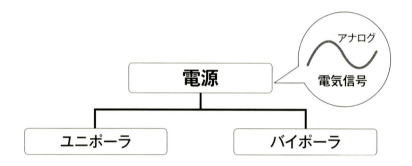

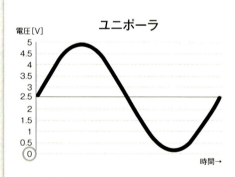

単極性と言います。
0Vが最小電圧となり
＋の最大電圧で入出力する
仕様です。

双極性と言います。
0Vを基準に±の各最大電圧で
入出力する仕様です。

20 センサには電源の有無が重要！

　センサには、電源が不要なセンサと電源が必要なセンサがあり、センサの仕様にその有無が記載されています。電源が必要な場合は、消費電力が大きいセンサやデータを収集するためにバックアップ用の電源が必要なセンサなどが考えられます。特に、ディジタル入出力センサのほとんどは、電源が必要です。通常、日本のセンサは、AC100V、または、AC200Vの固定電圧（電源）で稼働するものが多く見られます。また、機械システムによっては、DC24Vなどの直流電源を使用している場合もあります。希望の電源が用意できないとなると、別途変換器を使用したり、オプションで機器を改造したりする必要性も生じます。電源の有無がシステムにとって重要なのは、メカトロニクスの設計では、ほんのわずかでも消費電力を削減して（電池を長持ちさせて）動かすことを考えているからです。IoTとメカトロ製品がコラボレーションした場合、複数の機器の仲介役となるセンサは、より一層、電源がその製品の価値を大きく左右するものとなります。

◆センサのアドバンテージを左右する電源のポイント
　① 低消費電力
　② 長時間のバッテリー駆動
　③ フリー電源
　④ フリーケーブル

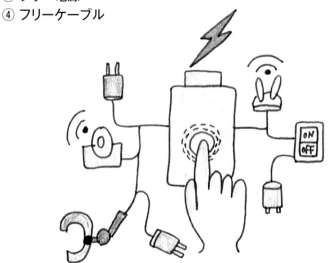

Dr.まみ先生の30分間メイキング！
センサを動かしてみよう　その1

　センサに興味はあるけど、どう使ってよいかわからないという初心者も多いはず。そんなときは、とりあえず「考えるな・感じろ」何事もこれが大事。さぁ、さっそく動かしてみましょう！ここでは、細かい説明は全部省いて、30分間でセンサをさくっと動かすレシピをご紹介します！

まず用意するもの6つ！

① Arduino UNO　　　　1個
② ブレッドボード　　　　1個
③ USBケーブル(A-B)　1本
④ ジャンパワイヤ　　　　3本
⑤ 抵抗 1 kΩ　　　　　　1個
⑥ センサ CdSセル　　　1個

※5000円くらいあれば揃う。もちろんパソコンも用意！

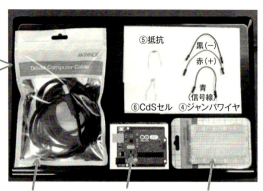

③USBケーブル　①Arduino UNO　②ブレッドボード

Arduinoは、制御用マイコンボード（コントローラ）のこと。アルデュイーノ、アルドゥイーノ、アルディーノと呼び方もさまざま。種類もいろいろとあるけれど、ここでは「UNO」を用意する。

ブレッドボードは、はんだ付けをしなくても、手軽に電子回路を組むことのできる便利な基板。

とにかく集めろ！

CdS（硫化カドミウム）を使用した光センサ。光の強さに応じて電気抵抗が変わる。光の量を測定するよ。

第 3 章
メカトロ・センサの代表的な特性

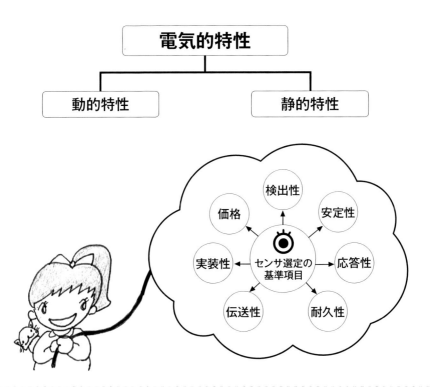

メカトロ・センサの 7つの「基本特性」

センサでは、「正確に測る」というのが基本中の基本です。しかし、いざ計測するとなるとそれを実現することは意外と難しいものです。ここではセンサの選定で「正確に測る」ことを左右する代表的な特性について解説します。

目的の物理量を検出するとき、他の物理量（例えば熱など）に影響されない特性のことを「選択性」と言います。一方、影響されてしまうことを「変動」と言います。変動は、ゼロもしくは少ない方が良いセンサです。そして、メカトロ・センサは、なるべく余計な機能を省いた「単機能」（目的の検出対象に集中すること）が求められます。何でも検出できるセンサは、逆に変動が生じやすいセンサとも言えます。下表の（1）から（7）は、メカトロ・センサの選定で把握しておかなければならない基本特性です。

センサ選定における基本特性	
1. 検出性	・感度　・分解能　・S／N比
2. 安定性	・オフセット電圧　・温度ドリフト
3. 応答性	・時定数　・サイクルタイム　・周波数特性
4. 耐久性	・電気的寿命　・再現性
5. 伝送性	・ひずみ　・ノイズ
6. 実装性	・直線性　・キャリブレーション
7. 性能・価格	・性能と価格のバランス

※検出性
感度能力を表すものです。どこまで細かく物理量を検出（測定）できるのかというセンサの識別限界を意味しています。分解能やS/N比などと深く関係しています。

※安定性
長時間使用してもトラブルを起こさないことを意味しています。オフセット電圧や温度ドリフトによる変動がおきても、元の状態に戻れる能力などと深い関係があります。

※応答性
どのくらい短い時間周期の変化を検出できるか、信号に遅れは出ないかなどの能力を表すものです。応答性の速さは時定数で示され、ゲインと位相による周波数特性と深い関係があります。

※耐久性
寿命を意味しています。一般的に、機械的寿命と電気的寿命のどちらか少ない方の値がセンサの寿命です。機械的寿命は、衝撃を少なくすること、電気的寿命は、流す電流値を低くすると寿命が延びます。

※伝送性
信号をひずみなく、ノイズの混入をしないように伝えることを意味します。測定環境に留意する必要があります。

※実装性
機能を実現するための方法（装備）の容易性

2 センサを選ぶときの指針「電気的特性」

　センサの性能は、「電気的特性」としてデータシートにまとめられています。電気的特性とは、センサに電気を流したとき、どのようなパフォーマンスを見せるかを示した指標で、センサの成績表とも言えます。電気的特性は、一目でわかるように、数値にまとめられています。これを「特性表」と言います。特性表の項目は、センサの種類や使われている素材、メーカーの規定などによってさまざまです。また、特性表だけでは検出したときの物理量がどのように変化（連続的な変動）するのかわかりにくい場合、グラフを使って示されることもあります。これを「特性グラフ」と言います。あいにく、データシートは、事実のみの記載で、それが良いのか、悪いのかは、利用する側の判断に委ねられています。一言に「電気的特性が優れている」と言っても、目的や用途によって良し悪しも変わるので注意が必要です。

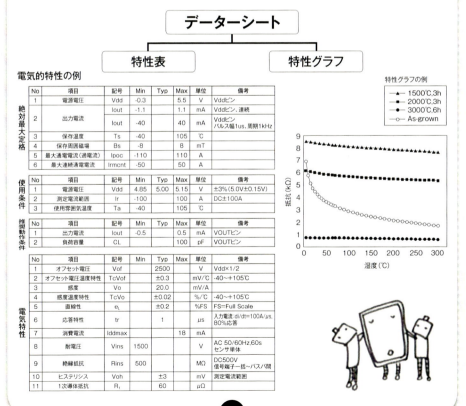

3 電気的特性には静特性と動特性がある

　電気的特性は、大きく分けると「静的特性」と「動的特性」に区別されます。動的特性とは、初期値から徐々に変化したり、途中で変わったりする特性です。例えば、機械や自動車は、常に加減速を伴う動的な状態で走行しています。こうした動作を伴う機械システムでは、応答性、安定性、伝送性などの動的特性が極めて重要になります。

　一方で、時間が経過しても、ほとんど変わらない特性を静的特性と言います。静的特性はセンサの心臓とも言える検出性をはじめ、耐久性、実装性などがあげられます。

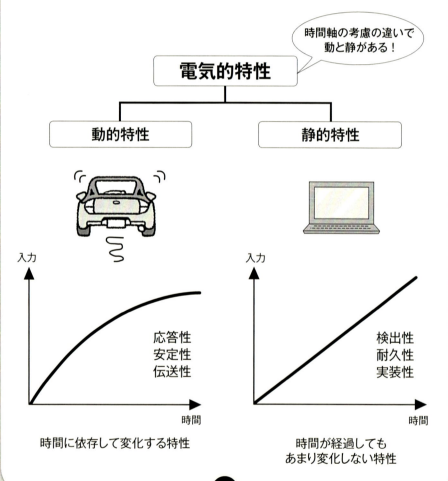

4 第1番目に重要な特性「感度」

　検出性と深く関わりのある「感度」は、センサの項目で第一番目に重要な特性です。感度には、2通りの意味があります。1つは、信号となる速さのことです。例えば、いくつかのセンサを取り付けて30℃の温度を測ったとき、いち早く30℃を感知・出力したセンサを「感度が良い」と言います。感度は、測定対象に刺激（電気）を与えたときの（入力）とそれに対する応答（出力）の割合を表します。感度の単位は、センサによって異なり、温度センサであれば、mV/℃、速度センサであれば、mV/m・s^{-1} となります。あまりに感度が良すぎると、必要な信号以外のノイズまで拾ってしまい、かえって使いづらいセンサになります。また、一般的に感度の高いセンサほど「線形性」(P.56)が損なわれます。狭い範囲でわずかな変化を取得したいのか、広い範囲で大きな変化を取得したいのかによっても、センサの選定は異なります。感度の目安を表す特性の一つに「S/N比」があります。S/N比は、Signal/Noiseの略で、エスエヌ比と読みます。単位は、dB（デシベル）です。S/N比の数値が大きいほど、信号に対してノイズが少なく、良いセンサと言えます。

第3章　メカトロ・センサの代表的な特性

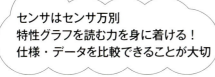

このグラフをどう読むか？

特性①のセンサ
入力（測定範囲）は狭い
出力（感度）は高い
線形性は悪い
　（使いづらい）

特性②のセンサ
入力（測定範囲）は広い
出力（感度）は低い
線形性・安定性は良い
　（使いやすい）

センサはセンサ万別
特性グラフを読む力を身に着ける！
仕様・データを比較できることが大切

感度 = 出力/入力

53

5 どのくらい細かく測れるか「分解能」

　感度を意味するもう1つの特性が「分解能」です。例えば、30℃の温度を検出するとき、センサAでは1℃刻みで30℃を検知し、センサBでは0.1℃刻みで30℃を検出するとします。この場合、30.0℃で示せる後者の方が「感度が良い」と表現されます。分解能とは、どれくらい小さい量（あるいは、変化量の違い）を測れるかということを表すものです。分解能の単位は、ビット（bit）です。ビット数が大きければ大きいほど、細かな信号（電圧値）を検出できる高性能なセンサと言えます。

マス目（bit）が荒い
（分解能が低い）

マス目（bit）が細かい
（分解能が高い）

※分解能が意味するところは、「目盛の刻みの細かさ」であって、「測定値の正確さ」や「測定値の再現性」ではないので、注意しましょう。

6 どの方向に対して感度が良いか「指向性」

「指向性」は、センサがどの方向に対して感度が良いかを表した特性です。大きく以下の3つに分類できます。

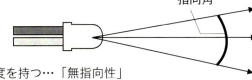

①どの方向にも同じ強さの感度を持つ…「無指向性」
②前の方にだけに感度を持つ…「単一指向性」
③前後は同じ強さで、横方向の感度だけが弱い…「双指向性」

指向性が良いと、出力の場合にはエネルギーがその方向に集中されるので効率が良く、入力の場合には余分な方向から雑音が入りにくいので感度が良くなります。

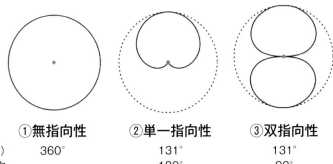

	①無指向性	②単一指向性	③双指向性
取得範囲（角度）	360°	131°	131°
感度が最も低い方向	—	180°	90°

指向性は、グラフを見て視覚的にセンサの感度の強弱を確認するものです。最も強い部分の感度（角度）を100%として、角度が広がるにつれてどれだけ相対的に感度が減少しているかが図示されています。一般的に、中心部から見た位置（正面の位置）が最も強く、中心から横に広がるほど感度は弱くなります。また、特性表には、中心軸を0°として、±30°と表される場合や、左右の合計で単に60°と表されるものもあります。

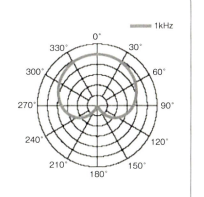

7 制御のしやすさ、使いやすさ「線形性(直線性)」

　線形性（直線性）とは、入力と出力の関係を1次の比例関係（y＝ax+b）で表せるかどうかを意味するもので、制御のしやすさ・使いやすさ（実装性）の目安になります。線形性をリニアリティと呼びます。リニアリティが保てない状態でセンサを使用する場合は、なんらかの補正（キャリブレーション：較正）が必要になります。線形性には、理想直線からどのくらい出力値に誤差があるのかで表されています。表記の方法は、測定範囲（フルスケール：F.S.）に対する特性の比率です。単位は、%F.S.です。（次ページを参照）

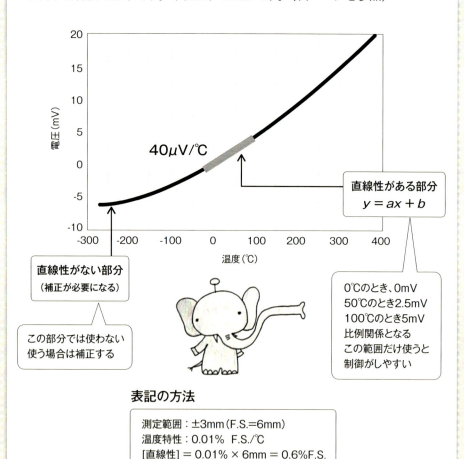

直線性がない部分
（補正が必要になる）

この部分では使わない
使う場合は補正する

直線性がある部分
$y = ax + b$

0℃のとき、0mV
50℃のとき2.5mV
100℃のとき5mV
比例関係となる
この範囲だけ使うと
制御がしやすい

表記の方法

測定範囲：±3mm（F.S.＝6mm）
温度特性：0.01% F.S./℃
[直線性] ＝ 0.01% × 6mm ＝ 0.6%F.S.

直線性が小さいほど良いセンサです。

8　測定可能な最大値の幅「フルスケール」

　フルスケールは、略して「F.S.」と表され、測定可能な「最大値の幅」を意味します。例えば、ある温度センサが、-200 ℃から400 ℃まで測定できたとします。このときのフルスケールは600 ℃です。

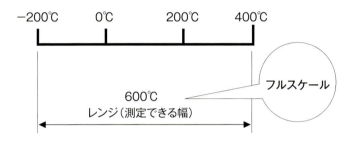

　センサの検出距離（レンジ）が100 ± 35mmという場合では、測定できる幅は65mmから135mmとなります。このとき、135 - 65 = 70がフルスケールとなり、F.S. = 70mmと表現されます。

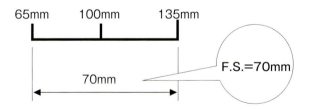

　センサの仕様には、「± 2.0% F.S.」などと表記されている場合があります。この意味はフルスケールに対して、誤差が何％であるかを、センサの測定精度として示しています。上記を例にとると、
　　測定精度 = ± 2% × 70 mm = ± 0.02 × 70 mm = ± 1.4
　　測定精度（誤差）は、± 1.4mm
　　[直線性] = ± 1.4% F.S.
となります。

9 行きと帰りは同じかどうか「ヒステリシス」と「応差」

　ヒステリシスは、ある状態から初期の状態に戻したとき、その状態が完全に戻らないことを指します。例えば、図1のセンサでは、温度を0℃から高温の300℃および低温の−300℃まで変化させたときの昇温過程と降温過程です。この図では同じ線図が得られています。この状態を「温度ヒステリシスはない」と表現します。一方、図2のセンサでは、昇温過程と降温過程とで同じ線図になっておらず、行きと帰りにズレが生じています。このとき、「ヒステリシスがある」と表現されます。ちなみに、ズレのことを「不感帯」と言います。ヒステリシスは、直流（DC）電源を扱うセンサやメカ部のガタや伸縮などでも見られることが多く、一般的には、キャリブレーションで較正されます。

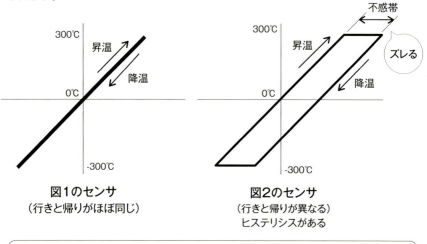

図1のセンサ
（行きと帰りがほぼ同じ）

図2のセンサ
（行きと帰りが異なる）
ヒステリシスがある

応差

検出体をセンサの検出面に接近させ、センサがON（動作）した距離から検出体を遠ざけOFF（復帰）する距離の差を応差と言います。近接センサなどでは応差がないとON/OFFを繰り返す現象（チャタリング）が起きます。これを防止するために応差を設けています。

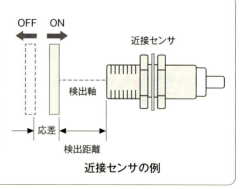

近接センサの例

10 どの程度同じ反応を繰り返せるか 「再現性」と「単調性」

　再現性は、繰り返し性とも呼ばれています。センサが決められた環境下で繰り返し測定したときに、どの程度同じ反応を返せるかを示す性能です。再現性は「信頼性」と関係があり、センサを選定する上で重要な項目の1つです。測定環境をきちんと整え、測定手順や過去の履歴を極力同じように保って測定したとき、同じような結果が得られなければ「再現性が悪い」または、「ばらつきがある」と表現されます。通常のセンサにおいて、再現性は測定を繰り返えすほど経年劣化が生じ、ばらつきます。その場合は、センサの寿命と考えます。

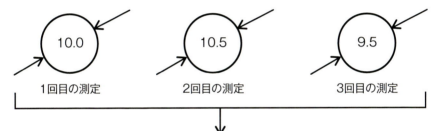

単調性

右図は、ある2つのセンサの特性データです。データAでは、増加の傾き具合にバラつきがあります。データBでは、同じ状態で、増加の一途をたどっています。このように、測定値が一定での割合で変動する特性を「単調性がある」、または、「単調性が良い」と表現されます。

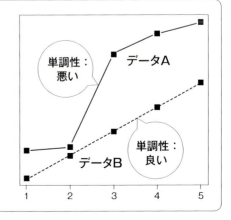

11 どのくらい素早く、正しく、追従するか「応答性」

　産業界では、機械システムの変動や振動を著しく助長させる要因がたくさんあります。このような悪環境の中でも、メカトロ・センサには、リアルタイムで精度よく測定することが求められます。センサをきちんと動作させるためには、機構や制御などの各方面から、動的対策について考える必要があります。ここでは、「動的特性」に関する項目について説明します。

◆応答性とは

　動的特性の代表が「応答性」です。応答性とは、検出状態の時間の経過による変化（入力）に対してセンサの出力動作（応答）がどのくらい素早く、正しく、追従するかを表すものです。したがって、応答性は、出力/入力の比で示されます。センサの感度が良すぎて敏感に応答しすぎると、もとの状態に戻るまでに時間がかかります。逆に、応答が悪すぎると検出できない部分が表れて、メカトロ装置を制御しづらくさせます。このように、応答性はセンサにおいて重要なパラメータなのです。

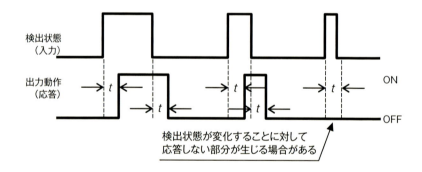

◆応答性は周波数で表す

　応答性は、応答する「速さ」を意味するので、通常、直線（変位）ならば、「応答速度（m/s）」、回転（角度）ならば、「応答回転数（rpm）」ですが、センサでは、「周波数（Hz）」という表現を使います。

12 周波数(Hz)と回転数(rpm)の関係

<ポイント>

rpm（回転数、または、回転速度）
※1分間につき何回転するかという単位

Hz（周波数）
※1秒間につき何回振動するかという単位

rpm から Hz への換算式は
(rpm) / 60 = (Hz)
例) 60 rpm/60 = 1 Hz

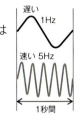

回転数(rpm)	値	単位	考え方(説明)
	1 nHz	ナノヘルツ	3.171 nHz（10年に1回）
	10 nHz		31.71 nHz（1年に1回）
	100 nHz		380.5 nHz（1か月に1回）
	1 μHz	マイクロヘルツ	1.653 μHz（1週間に1回）
	10 μHz		11.57 μHz（1日に1回）
	100 μHz		277.8 μHz（1時間に1回）
	1mHz	ミリヘルツ	277.8 mHz（1度毎秒の回転周期）
	10 mHz		16.67 mHz（1分に1回）、回転毎分(rpm)の回転周期
	100 mHz		159.2 mHz（1ラジアン毎秒の回転周期）
60rpm	1Hz	ヘルツ	1秒間あたりに波が揺れる回数（1秒間に1回）
180rpm	3Hz		CDに記録可能な最低周波数
600rpm	10Hz		自動車エンジンのアイドリングの回転数
1800rpm	30Hz		レーザーディスクの回転周期
3000rpm	50Hz		商用電源周波数（東日本：交流）
3600rpm	60Hz		商用電源周波数（西日本：交流）
6000rpm	100Hz		一般的な自動車エンジンの限界回転数（レッドライン）
7200rpm	120Hz		一般的なハードディスクドライブの回転周期
	1kHz	キロヘルツ	1秒間に1000回（1000Hz）
	8kHz		電話のサンプリング周波数
	531-1612kHz		電磁波（AMラジオ）
	1MHz	メガヘルツ	1秒間に1000000回（1000000Hz）
	1MHz-8MHz		最初のパソコンのクロック周波数
	76MHz-90MHz		電磁波（FMラジオ）
	470-710MHz		地上デジタルテレビ放送
	1GHz	ギガヘルツ	1秒間に1000000000回（1000000000Hz）
	2.45GHz		電子レンジ、無線LAN
	3-30GHz		マイクロ波
	1THz	テラヘルツ	1秒間に1000000000000回（1000000000000Hz）
	3THz		日本の電波の定義の最大周波数
	3-400THz		赤外線
	120-400THz		近赤外線
	193.1THz		光ファイバ

第3章 メカトロ・センサの代表的な特性

13 応答時間
（立ち上がり時間と立ち下がり時間）

　センサは、情報を感知（入力）してから電気信号に変換（出力）するまでに、必ず時間的な遅れが生じます。入力から出力までの時間を「応答時間」と言います。応答時間はセンサのデータシートの項目にもありますが、表現の仕方はそれぞれのメーカーによって異なります。そのセンサがどれくらいの応答時間があるかについては、一般的には、ステップ応答法で示されます。ステップ応答とは、入力がステップ状に変化したとき、それに対する出力の変化時間を測定したものです。

◆立ち上がり時間と立ち下がり時間
　ステップ応答法における出力の変化は、「立ち上がり時間」、「立ち下がり時間」で応答速度を表します。立ち上がり時間とは、出力状態が低い電圧から高い電圧へ変化するまでの時間（パルス電圧が10％から90％へ上昇する時間）であり、立ち下り時間は、高い電圧から低い電圧に変化するまでの時間（90％から10％へ下降する時間）と定義されています。

応答速度の定義

・立ち上がり時間
　出力パルスの
　10％→90％の時間

・立ち下がり時間
　出力パルスの
　90％→10％の時間

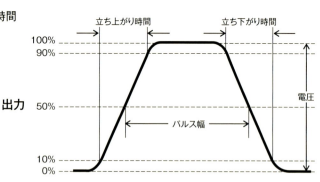

14 応答性を示す目安「時定数」

　センサの応答性を示す目安に「時定数」という特性があります。時定数は、立ち上がり時間の「63.2%」および立ち下り時間の「36.8%」になるまでに要した時間と定義されています。例えば、測定したい温度が30℃の場合、30℃という目標値の63.2%に達するまでにかかった時間が時定数です。メーカーが示す時定数は、種々の環境下で計測されています。

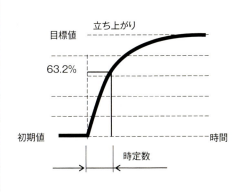
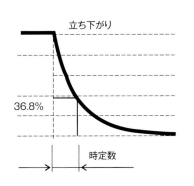

$$応答値 = 目標値 \times \left(1 - e^{\frac{-t}{\tau}}\right)$$

※ t = 時間、τ = 時定数

例えば、出力時定数500 ms（=0.5 s）として、0.5秒後の応答値を求めると

$$応答値 = 目標値 \times \left(1 - e^{\frac{-0.5}{0.5}}\right)$$

Exp(−1) ≒ 0.368
(1−0.368) = 0.632

応答値 = 目標値 × **0.632** ← 応答値は、目標値の63.2%ほど。

　ここで、出力時定数500 ms（=0.5 s）として、3倍の1.5秒後の応答値を求めてみると

$$応答値 = 目標値 = \left(1 - e^{\frac{-1.5}{0.5}}\right)$$

Exp(−3) ≒ 0.050
(1−0.050) = 0.950

応答値 = 目標値 × **0.95** ← 応答値は、目標値の95.0%にのぼる。

　一般的に、目標値に要する時間は、出力時定数の3倍が目安とされています。

15 応答がにぶくなる部分を知る「周波数特性」

応答性では、入力と出力にどのくらい差異があるかを知ることが重要です。その評価の1つに「周波数特性」があります。周波数特性とは、いわば、応答性がにぶくなる部分がどのあたりにあるのかを表したもので、「ゲイン」と「位相」のグラフで示されます。

◆周波数特性の考え方！

例えば、Aというセンサに、同じ振幅（正弦波）で、波長の違う周波数（電圧）をそれぞれ入力したとします。そのとき、①センサがどれくらいの時間遅れをカバーできるか、そして、②測定範囲内の遅れに収まっているか、などを検討します。前者の①は「ゲイン」のグラフから、後者の②は「位相」のグラフから読み取ります。周波数特性では、いろいろな周波数を変えた場合に、どのようなゲインや位相になるのかというところが注目されます。

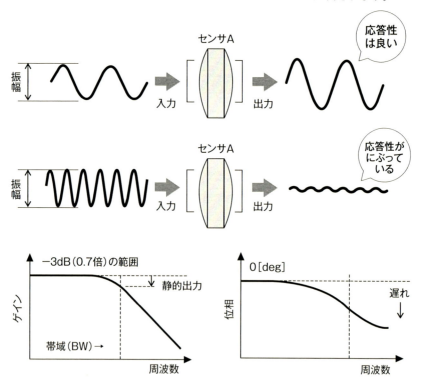

16 時間遅れをどれくらいカバーできるか「ゲイン」

　周波数特性で使われるゲインは、「入力と出力の比」という意味です。式で書くと、出力電圧÷入力電圧＝ゲインとなります。通常は「ゲインが高い／低い」と表現されます。例えば、入力電圧が1で、出力電圧が1だとすると、1÷1＝1となり、ゲインが1のときは入力信号がそのままの大きさで出力されます。入力電圧1で、出力電圧が5だとすると、5÷1＝5となり、5倍の大きさで出力されます。入力よりも出力の方が大きい場合には「利得（増幅率）」、入力より出力の方が小さくなる場合には「損失」と言います。ゲインは、出力電圧（E_1）と入力電圧（E_2）の比をとり、常用対数で計算します。単位はdB（デシベル）です。

$$\text{ゲイン} = 20 \log_{10} \frac{E_2}{E_1} \text{ (dB)}$$

例えば、

$$\frac{E_2}{E_1} = 1 \text{ のとき、}$$

つまり、入力電圧と出力電圧が等しいときは、
利得は0 dBとなります。

20 logなので、0 dBを基準として、

$\frac{E_2}{E_1}$ が10倍になるたびに利得は20 dBずつ増えていき、

$\frac{E_2}{E_1}$ が10分の1（0.1倍）になるたびに

20 dBずつ減っていきます。

※周波数は 0 Hzから ∞ Hzまであります。すべての周波数を横軸にのせると、横軸がものすごく長くなります。そこで、周波数の対数を取っています。

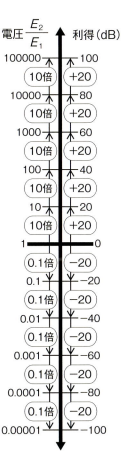

17 測定範囲内の遅れに収まっているか「位相」

位相とは、入力信号と出力信号のズレのことです。

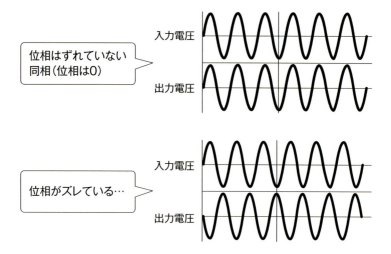

周波数特性では、「位相＝タイミング」を意味しています。信号や電圧のように、周期的な運動をするものが、どのタイミングでズレが生じるかを考えます。単位は、度［deg］を用います。位相が180度ずれているということは、下図のように、波形が半波長ずれていることを意味します。ひとつの山から次の山までを一周期と言い、これを「360度」で定義しています。

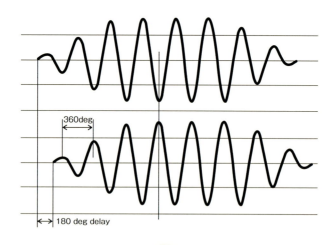

18 センサの応答の限界を知る「ボード線図」

　ゲインと位相の関係を一組にしてグラフに表したものを「ボード線図」と言います。それぞれの特性は、ゲイン曲線、位相曲線で表されます。ボード線図で注目すべきところは、入力信号に対して、0.7倍の電圧になる周波数です。この電圧を、−3dBと表し、「カットオフ周波数」と言います。カットオフ周波数を境に、電圧が急こう配で減ります。これは、センサの応答の限界を表しています。カットオフ周波数以上の周波数になると、入力が減衰して小さい信号となって出力されてしまい、位相の遅れもはじまります。データシートに記載されている周波数特性はよく確認しておく必要があります。

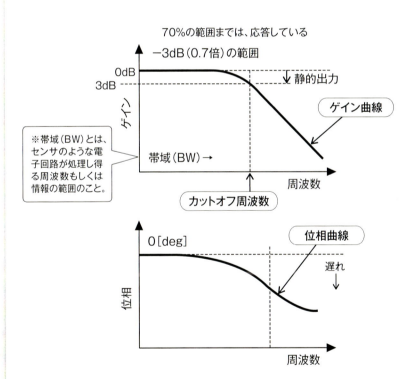

応答性の見方のポイント

ゲイン：使用範囲で時間変化をカバーできるか。求めるセンサの速度より十分速いか。帯域でフラットな特性かどうか。
位　相：使用範囲で妥当な遅れに収まっているか。

19 周波数特性の用語～まとめ～

　アナログ信号の場合、無限小まで信号領域があると考えられています。その際、「どこまでを取り扱う範囲にするか」をあらかじめ決めておかないと「無限の応答性がある」と解釈されてしまいます。そこでアナログセンサでは、直流時を100%として、約70%まで（厳密には、$1/\sqrt{2}$）落ちた周波数の値を、「応答周波数」や「周波数特性」と呼んでデータシートに記載しています。

AC（交流）	電流と電圧が時間とともに変化する信号
DC（直流）	一定の電圧と電流を持つ信号
電圧	2点間の電位差で[V]（ボルト）で表す
アナログ信号	電圧が連続的に変わる信号
ディジタル信号	電圧を離散値、2進数で表した信号
パルス	立ち上がり時間、幅、立ち下がり時間を持つ矩形波
立ち上がり時間	パルスの立ち上がり速度を表す性能
立ち下がり時間	パルスの立ち下がり速度を表す性能
正のパルス	立ち上がりから次の立ち下がりまでの時間
負のパルス	立ち下がりから次の立ち上がりまでの時間
デューティ比	1周期に対するON時間の割合
最大値	測定区間内の最大値
最小値	測定区間内の最小値
ピーク（V p）	ゼロ基準点からの最大電圧レベル
ピーク・ツー・ピーク（V p-p）	信号の最小ポイントから最大ポイントまでの電圧
周波数	波形信号が1秒間に繰り返す回数（周期の逆数）
周期	波形の1サイクルが完了する時間（周波数の逆数）
位相	1サイクルから次のサイクルまでにかかる時間（角度で表記）
位相差	2つの信号間のタイミングのずれ
振幅	信号の量や強さ（通常、振幅は電圧や電力を意味する）
ゲイン	入力波形と出力波形の比
減衰	信号の振幅が減少すること
周波数帯域	－3dBポイントで規定される周波数範囲
周波数応答	入力信号の周波数に対する振幅応答の確度 帯域において平坦な（安定した）周波数応答を持っているかどうかが重要となる

第 4 章
データシートの読み方とキャリブレーション

データシート

キャリブレーション

1 データシートと言えば「凡例」

　センサを扱うときは、その特性をしっかりと調べる必要があります。まず、目を通さなければならないのが特性表です。データシートの特性表には、「凡例（はんれい）」が記述されています。凡例とは、センサの方針や使い方などが項目ごとに整理されたもので、処理や結果に影響を与えるような内容が数値として示されています。

電気的特性

データシートの凡例

1）絶対最大定格

No	項目	記号	Min	Typ	Max	単位	備考
1	電源電圧	V_{dd}	−0.3		5.5	V	V_{dd}ピン
2	出力電流（V_{OUT}ピン）	I_{out}	−1.1		1.1	mA	V_{dd}ピン、連続
		I_{out}	−40		40	mA	V_{dd}ピン パルス幅1μs、周期1kHz
3	保存温度	Ts	−40		105	℃	
4	保存周囲磁場	Bs	−8		8	mT	
5	最大通電電流（過電流）	I_{poc}	−110		110	A	
6	最大連続通電電流	I_{rmcnt}	−50		50	A	

2）使用条件

No	項目	記号	Min	Typ	Max	単位	備考
1	電源電圧	V_{dd}	4.85	5.00	5.15	V	±3%（5.0V±0.15V）
2	測定電流範囲	I_r	−100		100	A	DC±100A
3	使用雰囲気温度	T_a	-40		105	℃	

3）推奨動作条件

No	項目	記号	Min	Typ	Max	単位	備考
1	出力電流	I_{out}	−0.5		0.5	mA	V_{OUT}ピン
2	負荷容量	CL			100	pF	V_{OUT}ピン

4）電気特性（無負荷V_{dd}＝5.0V Ta＝25℃）

No	項目	記号	Min	Typ	Max	単位	備考
1	オフセット電圧	V_{of}		2.500		V	V_{dd}×1/2
2	オフセット電圧温度特性	T_cV_{of}		±0.3		mV/℃	−40〜+105℃
3	感度	V_o		20.0		mV/A	
4	感度温度特性	T_cV_o		±0.02		%/℃	−40〜+105℃
5	直線性	e_L		±0.2		%FS	FS=Full Scale
6	応答特性	t_r		1		μs	入力電流：di/dt = 100A/μs、80%応答
7	消費電流	I_{ddmax}			18	mA	
8	耐電圧	V_{ins}	1500			V	AC 50/60Hz,60s センサ単体
9	絶縁抵抗	R_{ins}	500			MΩ	DC500V
10	ヒステリシス	V_{oh}		±3		mV	測定電流範囲
11	1次導体抵抗	R_1		60		μΩ	

2 データシートを読む前の準備

　データシートは、メーカーから簡単に入手できます。仕様（条件、規格）や使用用途などの項目に目を通すことで、センサの選定に良い推察を与えてくれます。しかし、項目の順番は決まっておらず、順番通りに重要な情報が並んでいるわけでもありません。目的によっては、読み飛ばしても支障がないものもあります。逆に、チェックしなければならない項目を怠って見落とすと、対策を講じることを見逃したり、間違った使い方をしたりしてしまいます。

◆データシートと向き合う前に

　一般的なデータシートは、以下の表のように、項目、記号、数値（パラメータ）、単位などが羅列されています。「絶対最大定格」、「推奨動作条件」など、テーマごとに区分されており、読み飛ばしがないように、データシートの最初のページにまとめられています。中には、技術者の熱い思いが伝わってくるような文章も見受けられますが、多くのデータシートはひかえめで、最低限のことしか記されていません。また、説明が一方通行のため、数値の意味を取り間違えることもよくあります。

　では、どのようにデータシートを読み取ればよいのでしょう。はじめの一歩は、「目的をはっきりさせておく」ことです。どのような結果を望み、そのためにどこまでの数値があればよいか、または必要か、を定量的にまとめておくことがポイントです。

データシートの例

1）絶対最大定格

項目	記号	定格値	単位
電源電圧	V_{ddmax}	$-0.3 \sim +6.0$	V
端子電圧	DET_{max}	$-0.3 \sim +6.0$	V
保存温度範囲	T_{stg}	$-55 \sim +125$	℃
許容損失	Pd	150	mW

2）推奨動作条件

項目	記号	定格値	単位
動作電源電圧	V_{ddopr}	$+1.6 \sim +5.0$	V
動作温度範囲	T_{opr}	$-30 \sim +105$	℃

第4章　データシートの読み方とキャリブレーション

3 一瞬たりとも超えてはならない「絶対最大定格」

　データシートで、最初に目を通さなくてはならないのが、「絶対最大定格」です。簡略して「最大定格」と言うこともあります。一般的な最大定格は、"一瞬でも記載の数値を超えて使用してはならない！"ことを原則としています。最大定格値の制限を超えて使用した場合、信頼性や寿命を著しく損なうことはもちろん、劣化や損傷が生じてもメーカーは責任を負いません。

　下記の表は、あるセンサの「最大定格」を示したものです。多くの場合、項目には、「最大値」と「最小値」の2つの数値が書かれています。その値は、別途注意書きなどがない限り、使用可能な限界値を表しています。例えば、電源電圧という項目では、－0.3Vより低い電圧、かつ、＋6.5Vより高い電圧をセンサに加えてはならないという意味です。最大定格は、電源電圧のほか、電流、温度などさまざまにあります。ここに記載された項目は、すべて厳守です。例えば、最大定格項目が3つ並んでいれば、3つの項目全部を最大定格内に収められるかどうかを考慮して選びます。

データシートの例

絶対最大定格

項目	記号	最小値	最大値	単位
電源電圧	V_{dd}	−0.3	+6.5	V
出力電源	I_{OUT}	−0.5	+0.5	mA
保存温度	T_{STG}	−55	+12.5	℃

注）絶対最大定格を超えて使用した場合、ICを破壊するおそれがあります。

最大定格には、以下のような項目があります。読み飛ばしのないように注意しましょう。

（1）電圧に関する最大定格の項目には、

　　「電源電圧」、「入力電圧」などがあります。

（2）電流に関する最大定格の項目には、

　　「入力電流」、「出力電流」などがあります。

（3）温度に関する最大定格の項目には、

　　「動作温度」、「保存温度」などがあります。

（4）その他の最大定格の項目に**「消費電力」**があります。

　　使用環境、センサの個体差に左右される場合があります。

安心して使える範囲が示される「推奨動作条件」

　最大定格に続いて、確認すべき項目が「推奨動作条件」です。推奨動作条件は、データシートに記載された数値内で使用すれば、「センサは動作しますよ。」という意味で、正常動作を保証するための規格です。通常、指定の範囲を少し超えたとしても急にセンサが壊れることはありません。しかし、使用上、データシートに書かれた条件は厳守する必要があります。また、最大値や最小値の他に、標準値が規定されています。標準値は参考値として、いろいろな仕様値の基準であったり、よく使われていたりする値が記されています。なお、センサによっては、「推奨動作条件」が「最大定格」の項目として記載されている場合やその逆もあります。

データシートの例

推奨動作条件

項目	記号	最小値	標準値	最大値	単位
電源電圧	V_{dd}	1.6	1.85	5.5	V
動作温度	Ta	−40		+85	℃

「電源電圧」についての注意事項

　電源電圧は、センサの性能を保証できる供給電圧の範囲が示されています。記載値を若干超えたり、下まわったりするような使い方をした場合、センサは一見、正常な動作を続けますが、やがて以下の①から④の問題を生じることがあります。

①動作しなくなる
②不安定動作、誤動作を起こす
③消費電流が増え、内部発熱が生じる
④寿命が短くなり、破損する

　また、電源電圧には、直流と交流の2種類のタイプがあります。DC（直流）電源電圧タイプのセンサに、AC（交流）電源電圧を供給すると、センサを破損することになります。どちらのタイプなのかチェックが必要です。

5 安定動作の生命線「電源ユニットの選び方」

電源電圧の項目のチェックは、電源ユニットを選ぶことに直結しています。電源ユニットは、メカトロ製品を安定動作させるための生命線であり、装置の故障に最も影響が大きい要因でもあります。電源ユニットの選定を誤ると、他の電気部品も巻き込んで壊す可能性が高いので、データシートの数値に注意を払う必要があります。

◆電源容量

電源容量とは、電源ユニットが供給できる「最大電力量」を意味しています。20Wの電源ユニットならば、電力消費量が20W以下のセンサを動かせます。ここで注意しなければならないのが、センサの消費電力とぴったり一致する電源容量を選んではならないということです。では、どれくらいの電源容量が最適なのかと言うと、一般的には、必要とする消費電力の1.8倍～2.8倍にあたる電源容量を選ぶのが目安とされています。電源ユニットは、電源容量に対して使えば使うほど、動作温度が上昇していくという特性があります。また、100％フル稼働に近い使い方をするほど、発熱しやすく、電気部品の効率や寿命、騒音、コストなどに悪影響を与えます。

消費電力（P）＝ 印加電圧（V）× 消費電流（I）

例えば、あるセンサにDC24Vを印加したところ、消費電流が10mAであった。この場合の消費電力は、24(V)×10(mA)＝240(mW)となる。

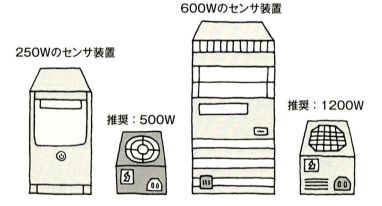

6 電源を決めるときに必要な「消費電流と定格出力電流」

◆消費電流

消費電流は、「定格出力電流」という項目と関係しており、電源を決める際に必要となるパラメータです。定格出力電流とは、その値を超える電流を連続的に流してはならないことを意味しています。

実際には、「負荷電流」というものも考慮しなければなりません。負荷電流とは、センサ以外の電流を消費するすべて（抵抗やその他の部品）の容量をまとめた電流のことです。電源は、センサの消費電流と負荷電流の合計値を供給できるような容量（定格出力電流）を考慮する必要があります。

定格出力電流の電源 ＝ 消費電流 ＋ 負荷電流

◆ピーク電流

センサなどの電子部品に電源を投入し、スイッチを入れるとすぐに、通常の電流値をはるかに超える大きな電流が流れることがあります。この電流を突入電流（Rush current）、または、「ピーク電流」と言います。データシートの定格出力電流の項目では、一瞬でもその値を超えてはならず、定格を超える電流は許容できません。電流が流れないように回路で対策を講じるか、絶対最大定格よりも大きな値の電源を使用する必要があります。

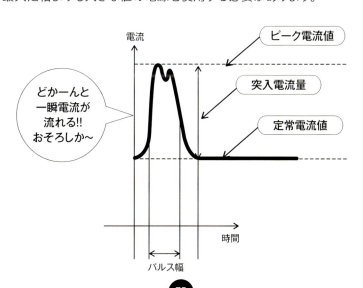

交流を使うときにチェックする「最大実効電流」

　交流の電流を用いるとき、その効力を直流に換算するとどのくらいになるかを示したパラメータを「実効値」と言います。データシートには、「最大実効電流」という項目もあります。これは、センサに長時間、通電しても問題がない交流値を意味しています。測定電流が交流（AC）やパルス状の電流を使う場合は、交流電流の実効値やパルス電流の平均値を計算して、最大実効電流値を超えないように検討することが必要です。下記のデータシートでは、±50A以上・以下の実効電流を長時間流して使用してはいけないことを意味しています。

波形の種類	実効値	平均値
直流	V_m	V_m
交流	$\dfrac{V_m}{\sqrt{2}}$	$\dfrac{2V_m}{\pi}$

V_m＝交流電圧の最大値

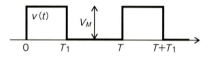

実効値	平均値
$\sqrt{\dfrac{V_1}{T}}\,V_M$	$\dfrac{V_1}{T}\,V_M$

V_M ＝ パルス波の最大値　T_1 ＝ オン時間
T ＝ 1周期

データシートの例

項目	記号	最小値	標準値	最大値	単位
最大実効電流	I_{RMSmax}	−50		50	A
消費電流	I_{dd}		8.3	11	mA
電流感度	V_h	99.0	100.0	101.0	mV/A
中点電圧	V_{of}	2.480	2.500	2.520	V
出力不飽和範囲	I_{NS}	−21		21	A

変動するので気をつけて！「電源電圧」と「ピーク・ツー・ピーク」

データシートの電源電圧の項目には「DC12～24V±10%、リップル（p-p）10%以下」と記載されたものがあります。DCとは「直流電源で使用してください」という意味です。12～24Vは電源で、12V側に関わるのが－（マイナス）10%で、24V側に関わるのが＋（プラス）10%です。したがって、電圧の変動もふくめて、指定の電圧範囲内（±10%を考慮して）で使うようにします。

◆リップルとは

通常、DC電源から供給される直流電圧は、完全な直線ではなく、微小なノイズ（さざ波のような）が乗ってしまうという特徴があります。このさざ波を「リップル」と言います。さざ波の最大値から最小値までの幅をピーク・ツー・ピーク（p-p）で表します。電源電圧における仕様の範囲では、リップルが10%を超えないように使用します。

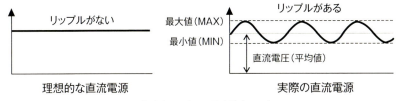

$$リップル = \frac{最大値（MAX）- 最小値（MAX）}{直流電圧（平均値）} \times 100（\%）$$

データシートの例

型式		A	B	C	D
定格圧力範囲		0～1MPa	0～-101kPa	0～101kPa	-101～101kPa
拡張アナログ出力範囲		-0.1～0MPa	10.1～0kPa	-10.1～0kPa	―
耐圧力		1.5MPa	500kPa		
電源電圧		DC12～24V±10%、リップル(p-p)10%以下（逆接続保護付）			
消費電流		15mA以下（無負荷時）			
出力仕様		アナログ出力　1～5V（定格圧力範囲にて） 0.6～1V（拡張アナログ出力範囲にて）　出力インピーダンス：約1kΩ			
精度（周囲温度25℃）		±2%F.S.（定格圧力範囲にて）、±5%F.S.（拡張アナログ範囲にて）			
直線性		±1%F.S.			
繰返し精度		±1%F.S.			
電源電圧による影響		DC12～24Vの範囲で18V時のアナログ出力を基準に±1%F.S.			
耐環境	使用温度範囲	動作時：0～50℃、保存時：-10～70℃（凍結および結露しないこと）			
	耐電圧	AC1000V 50/60Hz　1分間、充電部一括と筐体間			
	絶縁抵抗	5MΩ以上（DC500V）、充電部一括と筐体間			
温度特性		±2%F.S.（25℃基準）			

9 誤差の要因となる「オフセット電圧」

　電源電圧に関係する特性に、「オフセット電圧」があります。センサでは、「基準となるある点からの相対的な位置」という意味で使われます。例えば、理想的な回路の場合、下図①のように、入力電圧が0Vのときは、出力電圧は0mVです。しかし、アナログ回路を用いると、なんらかの電圧が含まれてしまい、下図②のように、ほんの少しズレた状態（0.02mV）で出力されてしまうことがあります。これを「オフセット電圧」と呼びます。アナログ回路（特にオペアンプを使った回路）では、センサの個体差などで、オフセット電圧が表れます。

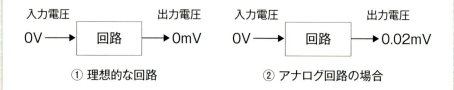

① 理想的な回路　　　② アナログ回路の場合

　例えば、オフセット電圧が大きい場合、(a)のゼロ点から(b)の「点線」のようにずれてしまい、正確な動作ができなくなります。オフセット電圧は、一般的には数mV～数十mVと小さな値ですが、これが他の電気的特性に大きな影響を与えます。例えば、オフセット電圧が大きくなると、センサの感度や精度といった重要な特性が変動します。オフセット電圧は、できるだけ小さいことが求められ、必要に応じて補正します。

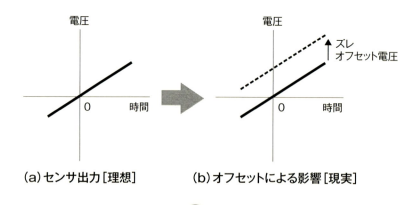

(a) センサ出力[理想]　　　(b) オフセットによる影響[現実]

10 変動割合が比例となる「レシオメトリック特性」

　電源電圧が変動した場合、それに比例して出力（感度）も変動する特性を「レシオメトリック特性」と言います。レシオメトリック特性は、センサだけでなく、アクチュエータなどのアナログ入出力装置で使われています。

　下図のグラフは、縦軸に出力電圧（V）、横軸に感度（mV／mA）の関係を示したセンサの特性図の一例です。3V、4V、5Vと電源電圧が変動したとき、センサの感度もそれに比例して変動しています。

　このように、電源電圧の変動割合を正確に出力電圧に反映する特性が「レシオメトリック特性」です。多くのセンサは、電源電圧に比例する性質があります。つまり、レシオメトリック特性を持っています。レシオメトリック特性を活用して誤差の影響を補正したり、精度を向上させたりすることもできます。

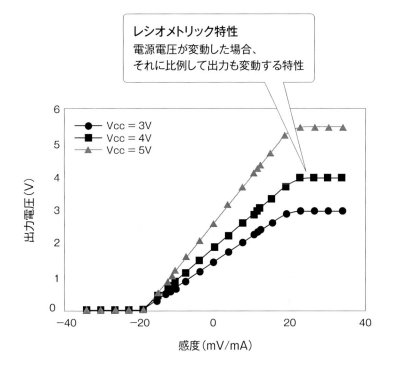

11 放置しているときに注意する「保存温度」

　センサの最大定格には、「保存温度」という項目が規定されています。保存温度とは、センサに通電しない状態で放置しておいても問題が起きない周囲温度を意味しています。「保存温度」は絶対最大定格の一項目として規定されている場合が多く、「一瞬たりとも超えてはいけない制限」の1つなので、センサの取り扱いには注意が必要です。

　例えば、下記のようなデータシートであれば、最小温度値の−40 ℃以下、最大温度値の125 ℃以上を超えた環境に、センサを放置してはいけないということになります。通常、保存温度は、センサ素子だけでなくパッケージやパッケージ内の電子部品のすべてにおいて、変質する可能性を示唆して規定されています。また、表の外に記載されている※印などの小さな注記にも、見落としのないようにしましょう。親切なデータシートには、「Ta = 25℃」などと、どのような状況のときのデータなのか小さく記載されているものもあります（次ページ参照）。

データシートの例

絶対最大定格（Ta=25℃）

項目	記号	定格	単位
電源電圧	V_{dd}	−0.1〜4.5※1	V
出力電流	I_{OUT}	±0.5	mA
許容損失	P_d	536※2	mW
動作温度範囲	T_{opr}	−40〜+85	℃
保存温度範囲	T_{stg}	−40〜+125	℃

※1 ただしPdを超えないこと
※2 Ta≧25℃の場合は5.0mV/℃で軽減

12 使っているときに注意する「動作温度」

◆「動作温度」の読み方

　動作温度とは、センサに「連続的に通電している」ときに、動作に関わる特性が保証されるセンサの周囲温度を意味しています。下記のデータシートの例では、周囲温度が− 40 ℃から85 ℃の環境にて使用することを規定しています。

データシートの例

絶対最大定格（Ta=25℃）

項目	記号	定格	単位
電源電圧	V_{dd}	−0.1〜4.5[※1]	V
出力電流	I_{OUT}	±0.5	mA
許容損失	Pd	536[※2]	mW
動作温度範囲	T_{opr}	−40〜+85	℃
保存温度範囲	T_{stg}	−40〜+125	℃

※1　ただしPdを超えないこと
※2　Ta≧25℃の場合は5.0mV/℃で軽減

　動作温度で注意しなければならないのは、「暗黙のルール」があることです。例えば、特記や注記のない限り、データシートに記載された数値は、「無負荷」・「無風状態」の値です。つまり、使い方や状況次第で、定格の制限を超えてしまう可能性があります。また、特に説明がない場合は、一般的に「25℃」を基準温度として示されています。Taは、温度のT（temperature）と周囲のa（ambient）を示す記号です。

　動作温度の範囲は、一般的に、以下のように分類されています。

用途別の動作温度の範囲

①「0〜+70℃」	低温や高温の環境下では使用しない産業機器など
②「−40〜+85℃」や「−40〜+125℃」	産業機器やFA機器など
③「−55〜+125℃」	車載機器や太陽光発電用インバータ、航空宇宙用電子機器など
④「−55〜+210℃」	低温や高温の厳しい環境で使用する高信頼性機器など

13 熱によって特性が変化する「温度ドリフト」

　動作温度に関係する項目に「温度ドリフト」があります。「温度ドリフト」とは、温度上昇や温度低下によって、オフセット電圧（P.78）が変動する大きさを示した特性です。また、温度が変動する際、どれだけ出力に影響するかという意味で、「温度安定度」、「温度特性」と呼ばれることもあります。センサなどの電気部品のほとんどは、定数が熱によって変化するので、温度ドリフトがどうしても避けられません。オフセット電圧や温度ドリフトが大きくなると、感度や精度などの特性が悪くなります。それぞれの特性値が小さくなるように対策を講じる必要があります。

ドリフトがあると正確な増幅ができない

　一般的に、温度ドリフトの単位は「μV/℃」や「nV/℃」で、1℃変化した際に入力オフセット電圧がどの程度増えるかを示します。例えば、データシートのオフセット電圧ドリフトなどの項目に、2.5μV/℃と記されていた場合、温度変化1℃あたりに2.5μVで変動するという意味になります。メーカーによっては、出力のフルスケール（P.57）に対する比率（％）で表されることもあります。その場合の単位は「％FS/℃」が用いられます。

データシートの例

```
オフセット電圧　　250μV（入力換算）
オフセット電圧ドリフト　2.5μV/℃（入力換算）
```

14 寿命を考えるなら「ディレーティングカーブ」

　データシートには、周囲温度と電源電圧（電力）の関係を表す特性図があります。その図に描かれた曲線を「ディレーティングカーブ」と言います。derating（ディレーティング）とは、読んで字のごとく、de（下げる）＋rating（定格）で、電気の分野では、よく用いられています。センサをはじめとする電子部品は、定格値（もしくは限界近く）で使用した場合に、寿命が短くなったり、故障率が高くなったります。多くのセンサの故障は、限界値で使うようなストレスの継続によって引き起こされることも少なくはありません。ディレーティングカーブは、定格値（もしくは定格値の以下の範囲）でセンサを使用し、その信頼性を向上させる（故障率を低くすること）ための目安です。ストレスを軽減させるように気を配ることは、システム全体の設計にとっても重要な概念です。

ディレーティングカーブの見方

周囲温度が−25 ℃から50 ℃のとき、定格電流は100 %保証されます。
周囲温度70 ℃になると、定格電流は80 %まで保証されます。
周囲温度80 ℃になると、定格電流は40 %まで保証されます。
※ディレーティングカーブは、部品の個体差によって異なります。

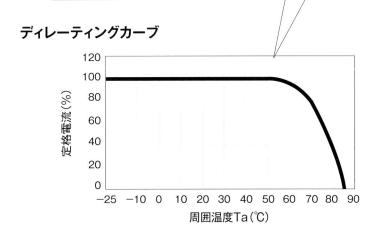

ディレーティングカーブ

ディレーティングカーブの資料は、メーカーから取り寄せることができます。

15 直線性が保証される「出力不飽和範囲」

「出力不飽和範囲」とは、センサが"精度良く"計測できる範囲、つまり、センサの出力の直線性が保証される範囲を意味して使われます。メーカーによっては、「出力線形範囲」と呼ぶこともあります。一般的に、単位は電流や電圧で示されます。例えば、下記のデータシートでは、出力不飽和範囲のパラメータが、±21Aと記されています。±21Aを超えた領域になると、直線性が保てなくなることで精度が変動し、正しく測定できなくなることを示しています。一般的に、飽和領域で使うとセンサとして動作しません。範囲内で使えるかどうかの検討が必要です。

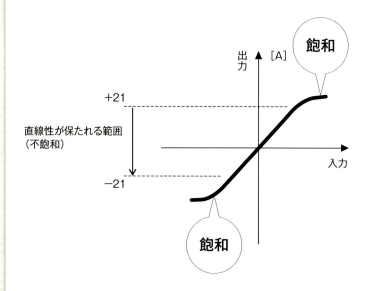

データシートの例

項目	記号	最小値	標準値	最大値	単位
最大実効電流	V_{RMSmax}	−50		50	A
消費電流	I_{dd}		8.3	11	mA
電流感度	V_h	99.0	100.0	101.0	mV/A
中点電圧	V_{of}	2.480	2.500	2.520	V
出力不飽和範囲	I_{NS}	−21		21	A

16 誤差が生じる発生要因

センサは、信号変換をはじめ、使用状況や経年変化などによって、本来と異なる特性を示すことがあります。この変化幅を「誤差」と言います。特に電気的特性が周囲温度や環境変化などに依存している場合、測定対象の物理量を全く誤差なく測定することが難しいとされています。その他にも、誤差が生じる理由はさまざまにあります。センサを正しく使うには、それらの発生要因を把握する必要があります。

誤差が生じる理由

原因	発生要因
外乱	ノイズ、振動
サンプリング速度	信号変換速度、切り替えタイミング
サンプリング精度	分解能、ゲイン
測定システム	環境変化（温度/湿度）、経年変化

◆「データ処理」の方法

センサを正しく使うためのデータ処理の方法には、下表のように、事象によっていろいろなアプローチがあります。次ページから、誤差除去に注目して、較正（キャリブレーション）について説明します。

データ処理のアプローチ

目的	事象
外乱除去	ノイズ、振動
誤差除去	特性、環境、タイミング、個体差
精度向上	A/D変換、分解能、データ補間
異常検出	異常データ

第4章　データシートの読み方とキャリブレーション

補正しなければならない3つの誤差「ゲイン誤差」「オフセット誤差」「線形性誤差」

　センサの測定誤差は、主に3つのタイプがあります。もっとも重要な誤差の一つが「ゲイン誤差」です。ゲイン誤差とは、入力と理想的な出力の傾きの差です。通常は、「0とフルスケールを結ぶ直線の傾き誤差」を意味します。2つ目は「オフセット誤差」です。オフセット誤差は、「入力0に対して出力0が正しく出るか」を表す誤差のことです。変換後のアナログ出力値が0に対してどれくらい誤差があるかを意味します。3つ目は「線形性誤差」で、0とフルスケールを結ぶ理想直線に対し、誤差が最も大きいところ（幅）で検証します。一般的な測定値の誤差は、これらの複合です。

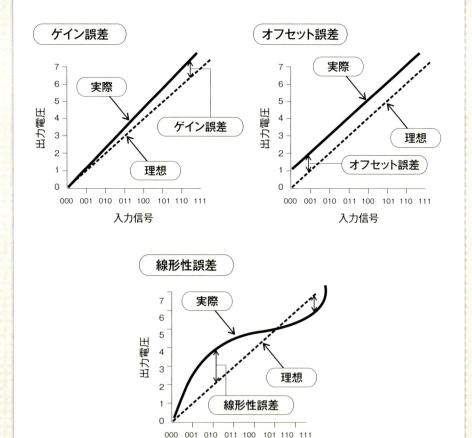

18 キャリブレーションと較正テーブル

　誤差を正す方法の1つに、「補正する」という考え方があります。センサの補正とは、センシングした測定値と基準値(理想値)とを比較して正すことです。これを「キャリブレーション」または、「較正(こうせい)」と言います。センサには、値が狂いにくいものもあれば、定期的に調整しないと正しい値を保証できないものもあります。また、同じ種類のセンサでも個体差がある場合は、そのセンサの原理に応じた計算式などを用いて、誤差を算出しておかなければなりません。ときには、実測値から表を作り、グラフに1つ1つまとめていく作業も必要になります。

◆較正テーブル

　センサの出力値が計算などによって直線的に出力される場合は、誤差の補正は比較的簡単に行えます。しかし、直線に近似することが難しい場合は、テーブル方式を使って誤差の修正を試みます。例えば、温度などのアナログ値を検出する場合、アナログ測定値とディジタル値との変換グラフを作成します。その場合は、ディジタル値を基準にして、実際の出力カーブを換算します。このとき、測定値の間は、直線で補間するようにつなげていきます。

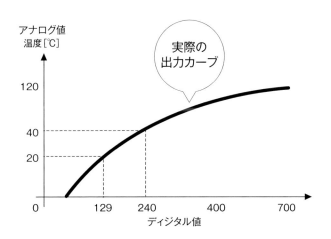

アナログ値 (温度[℃])	0	1	…	20	…	40	…	120
ディジタル値	58	61		129		240		762

19 センサの証明書「トレーサビリティ」

　較正するためには、そのセンサが持つ固有の情報（精度など）を把握しておく必要があります。情報があれば、センサの出力から正しい値に換算することができます。トレーサビリティ（Traceability）とは、トレース（trace・追跡）とアビリティ（ability・能力）を組み合わせた造語で、センサがどんな原料を使い、どこから仕入れたのか、そして、いつ、どこで、どのように生産されたのかなどを1枚のシートに記述し、追跡できるようにした仕組みで、センサの「証明書」とも言われます。一般的には、下図のようなシートにまとめられています。センサの製造番号、感度、周波数特性チャートなどの情報が細かく記載されています。

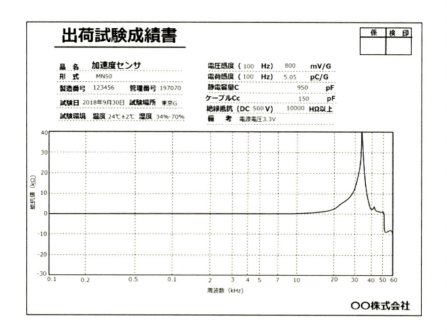

20 キャリブレーションの方法〜その1〜

　較正を行う場合、実際のセンサ出力値と理想のセンサ出力値の2つを用意する必要があります。これは、実測値と理想値との関係式を求めるためです。下図のように、実測値と理想値に直線的な関係がある場合、A点とB点の2点が決まればその関係を求めることができ、補正値を算出することができます。

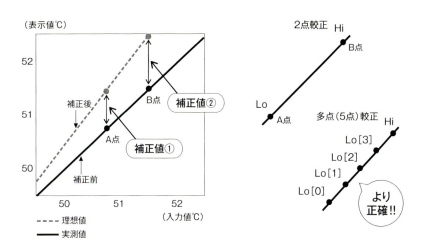

　また、実測値と理想値に直線関係がない場合は、ゼロ点と調整点の2点を決めて、理想値に実測値を合わせるように直線的に近似させたり、もしくは、近似曲線を作成するようにします。それでも、誤差が生じるようであれば、調整点の間隔を細かくし、3点、4点…と点数を増やしながら誤差を小さくなるように補正します。

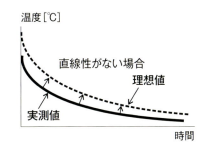
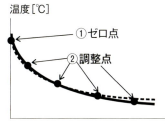

理想値と調整点が近いほど、誤差は小さくなります。

21 キャリブレーションの方法～その2～

　直線性は、一次関数で表すことができます。一次関数は、「y = ax + b」という数式で表現されます。このような式を「線形方程式」と呼びます。センサでは、直線の傾きをゲインと呼び、y切片（bの項）をオフセットと言います。

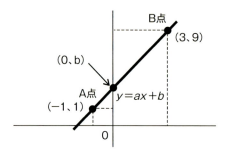

　直線 y = ax + b を求めるには、座標A点とB点の2点を通る直線の式を求めます。求め方は、

> 求める直線の方程式を $y = ax + b$ …(イ)とおくと、
> 点A(-1、1)がこの直線上にあるから、
> 　　$1 = -a + b$…(ロ)
> 点B(3、9)がこの直線上にあるから、
> 　　$9 = 3a + b$…(ハ)
> 式(ロ)、(ハ)を係数 a, b を求めるための連立方程式として解く
> 　　$1 = -a + b$…(ロ)
> 　$-)9 = 3a + b$…(ハ)
> 　　$-8 = -4a$
> 　　　$a = 2$ …(ニ)
> 式(ニ)を(ロ)に代入して、
> 　　$b = 3$
> 式(イ)にこれら a, b の値を代入すると
> 　　$y = 2x + 3$ …(答)

よって、測定値 = 2 × 理想値 + 3
となり、ゲイン：2、オフセット（バイアス）：3が導き出されます。

22 誤差の予測をしよう！「回帰分析」と「最小二乗法」

　キャリブレーションの過程で入力と出力の原因や関係を見つけ出すと、今後起きることも予測できます。ここでは、回帰分析と最小二乗法のポイントについて説明します。

◆回帰分析
　回帰分析とは、「y = ax + b」のような数式中のパラメータを実測データから求めることで、新たなxが与えられるとyの値が予測できるという分析です。「y」のような予測の対象となる変数を「目的変数」と言います。また、「x」のように「y」を予測するための材料を「独立変数」と言います。回帰分析で数式を完成させるためには、実測されたデータから数式中の係数を導く必要があります。そのための代表的な手法が最小二乗法です。

◆最小二乗法
　測定したデータが右肩上がりの傾向のとき、特性や傾向を理解しやすいように近似した直線を求めたくなります。ときに現場では、データの中心を通るようなA点とB点を決めて、エイ、ヤーと線を引くこともありますが、理にかなった決め方をするためには最小二乗法があります。最小二乗法とは、過去に得られた「x」や「y」の測定値をプロットしたグラフで、それらの値（誤差）の平均的な近似直線を引く方法です。このときの直線は予測値です。測定値と予測値の誤差が最小になるように直線の傾き「a」や切片「b」を調整し、直線の形を決めていきます。これにより、過去のデータに対して最も誤差が少なくなると思われる「y = ax + b」のモデルを構築し、測定値「x」に対して、適正だと思われる「y」の値を推定します。

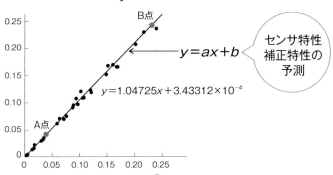

Dr.まみ先生の30分間メイキング！
センサを動かしてみよう　その2

　機材が整ったら、ブレッドボードとアルデュイーノを並べて、電気回路を組みます。CdSセンサと抵抗は極性がありません。どっちの向きにしてもOKです。ブレッドボードの穴の奥までしっかりとさしこみましょう。続いて、ジャンパーワイヤでアルデュイーノと配線します。黒色のジャンパーワイヤは、抵抗の下の穴と「GND」に差し込みます。赤色は、センサの下の穴と「5V」に差し込みます。青線は、センサ・抵抗の下の穴と「A0」に差し込みます。これで配線は終わり！
　「A0」を通して、パソコンにセンサのデータが表示されるよ。

回路の配線！

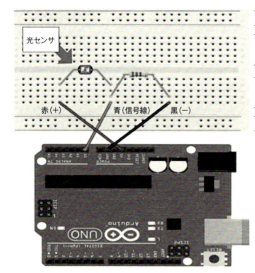

けっこう深めにさせ！

実際にはこんな感じ

第5章

シーケンス制御で使われるセンサ

1 シーケンス制御の構成と概要

　シーケンス制御は、あらかじめ決められた手順で、モータの回転/停止などをオン・オフ制御します。この制御で用いられるセンサには、検出した結果をON、OFFとして出力する「スイッチ」が相性の良い組み合わせとして採用されています。一般的にスイッチは、ある・なしなどの有無を検出するため、数量的に情報を検出することができません。しかし、カムやリンクなどの仕掛けを工夫すれば、比較的簡単なプログラムで、確実に動作する安価なシステムが設計できます。

◆シーケンス制御の構成

　シーケンス制御は、「制御回路」を中心に、「入力装置」と「出力装置」の3つの基本構成から成り立っています。入力装置として用いるセンサは、有無検出のほかに、動作の開始や終了などの判断を制御回路（PLCなど）に知らせる役割を担ってます。入力装置から何らかの信号を入力すれば、あらかじめ決められた手順で、決められた動作を実行します。代表的な光電センサやマイクロスイッチなどは、動作している機械の状態を検出し、制御回路に情報を知らせる入力装置です。制御回路にディジタルICやトランジスタなどの半導体素子を用いれば、出力装置（例えばモータの正転、逆転など）の切り替えは、半導体のスイッチングによって電子的に行えます。

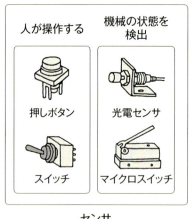
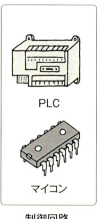
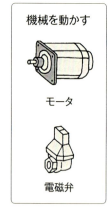

センサ（入力装置）　　制御回路　　アクチュエータ（出力装置）

2 シーケンス制御で選定されるセンサMAP

シーケンス制御で使うセンサは、接触式と非接触式とに大きく区別され、精度や測定対象によって以下のように分類されます。

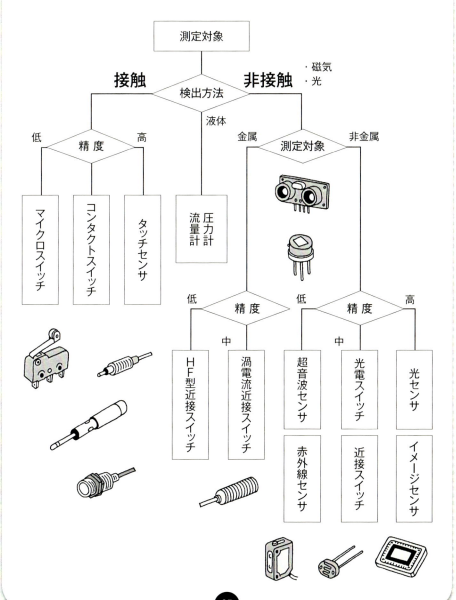

3 代表的な4つの接触式センサ

　シーケンス制御で最も多く用いられているのが接触式のスイッチです。接触式とは、測定対象に直接触れながらセンシングする検出器です。代表的な検出器を4つ紹介します。

◆マイクロスイッチ　◆リミットスイッチ

　シーケンス制御で最も多く用いられているのがマイクロスイッチとリミットスイッチです。アクチュエータと呼ばれる可動部の接点の動きでオン・オフ動作し、この機械的な運動を電気的な信号に変換します。マイクロスイッチは、安価で使いやすく、リミットスイッチはマイクロスイッチより 耐環境性に優れています。

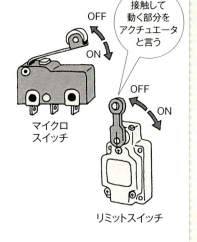

接触して動く部分をアクチュエータと言う

マイクロスイッチ

リミットスイッチ

◆コンタクトスイッチ

　コンタクトスイッチは、マイクロスイッチより精度が良く、耐久性に優れた産業用のセンサです。 検出精度が求められたり、湿度や塵の多い環境での位置の検出に使われています。使用方法は、測定対象に対して直角にプランジャーを当てます。プランジャーの動きに連動して、繰り返し、精度良く接点を動作させます。

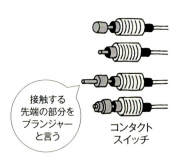

接触する先端の部分をプランジャーと言う

コンタクトスイッチ

◆タッチセンサ

　タッチセンサは、コンタクトスイッチよりさらに高精度で動作速度の速い接触式のセンサです。精度は、およそ1/1000 mmの検出機能があります。メカトロニクスの用途では、XYテーブルの機械原点の検出、位置の確認、寸法ゲージなどと多用されています。

タッチセンサ

4 接触式センサのポイント

◆性能比較（一例）

形式	単位	マイクロスイッチ	コンタクトスイッチ	タッチセンサ
ストローク	[mm]	約5	<5	<5
実用精度	[mm]	1	0.1	0.01
応差	[mm]	0.2	0.03	0.001
測定圧	[N]	1.5	1	1
接点構成	—	NO.NC	NO/NC	NO/NC
接点電流（電圧）	[A(V)]	5(AC100)	0.01(DC24)	0.01(DC24)
接点寿命	[万回]	500	500	300
動作速度	[m/min]	30	1.5	1.5
動作回数	[回/分]	20	10	5
使用温度	[℃]	−25〜+80	−10〜+50	−10〜+80
価格	—	低	中	高
用途	—	位置・信号発振	位置・有無検出	測定・位置検出

◆接触式スイッチの生命線は「接点」

接触式スイッチの生命線は「接点」です。接点には、動かない「固定接点」と、スイッチ操作によって動く「可動接点」があります。可動接点が動いて、固定接点にくっついたり離れたりすることで、電気を流したり切断したりします。もっともポピュラーな構造はシーソー式と言って、可動接点がシーソー状に動き、固定接点にくっついたり、離れたりするものです。

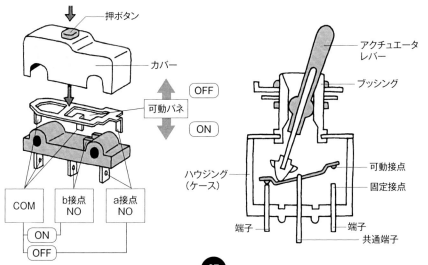

5 接触式センサの接点の名称

接点には動作の違いによって、a接点、b接点、c接点があります。

接触形式		a接点	b接点	c接点
他の呼び方		・メーク接点 ・常開形 ・単投形 ・NO	・ブレイク接点 ・常閉形 ・単投形 ・NC	・トランスファ接点 ・切替接点 ・双投形
説明	説明	通常は離れている	通常はつながっている	a接点とb接点を組み合わせ、通常はb接点がつながっている
	例：スイッチ	押すとつながる	押すと離れる	押すとa接点がつながり、b接点が離れる
	例：リレー	コイルを励磁するとつながる	コイルを励磁すると離れる	コイルを励磁するとa接点がつながり、b接点が離れる
接点記号		╱	╲	╱
端子の構成		COM NO	COM NC	COM NO NC
仕組み		NO/COM	NC/COM	NC/NO/COM

※励磁（れいじ）とは、コイルに電流を流して磁束を発生させること。

◆COM（コモン）は、共通端子、基準という意味があります。基本はGND接続です。
◆NO（ノーマリーオープン）は、リレーコイルに電源が接続されていないときにCOM（コモン）との間が開いている端子です。
◆NC（ノーマリークローズ）は、リレーコイルに電源が接続されていないときにCOM（コモン）との間が閉じている端子です。

6 接触式センサの用語と説明

接触式センサの仕様には、以下のような項目があります。それぞれの用語と意味について理解しておきましょう。

用語	説明
定格値	定格値とは、メーカーがスイッチの特性や性能の保証をしている基準値です。定格電圧、定格電流などがあり、これを超えない範囲で使用しなければなりません。負荷の種類、電流、電圧、使用頻度などが前提となって決められています。
機械的寿命	機械的寿命とは、接点に通電せずに規定の動作頻度で動作させたときの寿命です。
電気的寿命	電気的寿命とは、接点に定格負荷を接続して、開閉したときの寿命です。
絶縁抵抗	抵抗とは、電気の流れにくさを表す特性値です。これに対して絶縁抵抗とは、電気が流れてはいけない場所での電気の流れにくさを表す特性値です。主として絶縁材料の特性を表すときに使います。
耐電圧	耐電圧とは、定めらえた測定箇所に高電圧を1分間印可したとき、絶縁破壊の起こらない限界値を言います。
接触抵抗	接触抵抗とは、接点の接触部分の電気抵抗を示します。一般的にはばねや端子部分の導体抵抗を含めた抵抗値を言います。
耐振性・耐衝撃性	耐震性や耐衝撃性は、センサの動特性を満足する範囲を言います。

7 代表的な非接触式センサ 〜光センサ〜

　シーケンス制御で主に用いられる非接触センサには、光式（光センサ）と磁気式（磁気センサ）があります。それぞれ用途によって使い分けられています。

◆光式センサ
　光センサは、動作速度が速く、周囲に雑音を出さないといった特徴があります。光の変換原理で分類すると以下のようになります。「導電効果」や「起電力効果」を使ったセンサは、自動機などで幅広く用いられています。

◆センサの説明
　CdSとは、硫化カドミウムを使用した光センサで安価なセンサとして重宝されています。光を当てないときは、数十kΩの抵抗を示しますが、光を当てると数百Ω以下の幅で変化します。手軽さと高出力が売りのセンサですが、指向性があまり良くないので、高精度な位置決めには工夫が必要です。

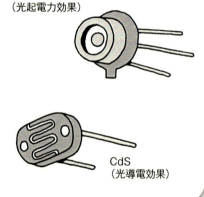

フォトダイオード（光起電力効果）

CdS（光導電効果）

8 光電センサと選定ポイント

　光電センサは、投光された光が物体によって遮られたり反射したりすることを受光部が感知し、その光量の変化を電気信号に変換して出力するセンサです。PLC（シーケンサ）との相性が良く、シーケンス制御の位置決めで多用されています。検出距離によって形式は多種多様で選定に困るほどあります。

◆通過型

検出距離	0～5m
検出径	一般的なもの Φ12mm（特殊 Φ0.8mm）

◆反射型

検出距離	0～1m
検出径	一般的なもの Φ10～20mm

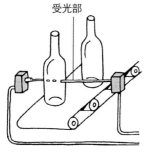

特長：
検出距離が長く、検出位置精度が高い

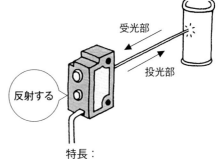

特長：
配線が簡単で、光軸合わせが容易

種類	形状	検出距離および検出物体
透過		50～3000mm Φ0.1（特殊）～ 12（汎用）mm
平行反射	拡散反射形	20～1000mm □20mm
限定反射	限定反射形	10～30mm □10mm
スポット反射	小スポット反射形	5～10mm □5mm

第5章 シーケンス制御で使われるセンサ

9 光電センサの検討項目と応用例

光電センサを選定するときは、
① 用途（物体の有無、位置、速度）
② 検出方式（通過型、反射型）
③ 検出距離
④ 形状（円柱型、角型、溝型）
⑤ 制御出力
　（NPN出力、PNP出力など）
⑥ 接続方式（コネクタやコード）

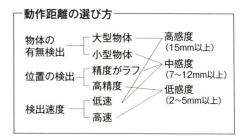

動作距離の選び方
- 物体の有無検出 — 大型物体 — 高感度（15mm以上）
- 位置の検出 — 小型物体 — 中感度（7〜12mm以上）
- 検出速度 — 精度がラフ／高精度／低速／高速 — 低感度（2〜5mm以上）

などの項目を検討する必要があります。応用例などの情報が公開されている場合は、参考にして候補をしぼるとよいでしょう。

◆応用例

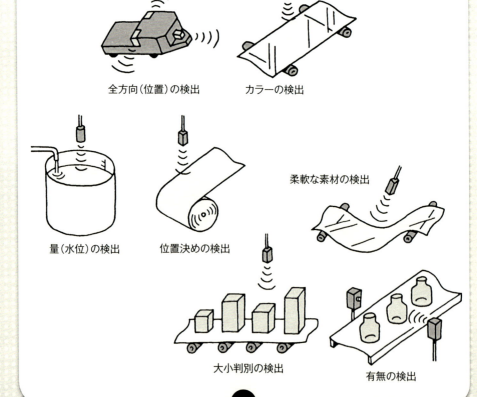

全方向（位置）の検出　　カラーの検出
量（水位）の検出　　位置決めの検出　　柔軟な素材の検出
大小判別の検出　　有無の検出

102

10 フォトインタラプタ（フォトカプラ）

フォトインタラプタは位置検出用として手軽に用いられているセンサです。発光部（LED）と受光部（フォトダイオード）を1つのパッケージに対向して並べ、その間を遮蔽板などの物体で光がさえぎられることにより、物体の有無や位置を判定します。一般的なフォトインタラプタは、4つの端子があり、以下のような配線となっています。

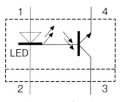

フォトインタラプタ等価回路

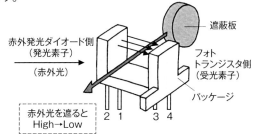

◆フォトインタラプタの使い方

フォトインタラプタは、さえぎる物体を工夫することでいろいろな用途として使うことができます。例えば、(A)のタイプでは、駆動する機械に遮蔽板を取り付けて、それをさえぎったときに停止させます。オーバーランによるメカの破損を回避できます。

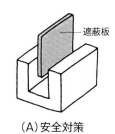

(A)安全対策

(B)のタイプは、モータや回転体の速度をパルスとしてカウントすることもできます。スリット板を回転軸に取り付けるだけで、光のある・なしの数で何回転したか（回転数）がわかる仕組みです。

(B)回転速度制御

◆フォトインタラプタの種類

フォトインタラプタには、反射型と透過型の2種類があります。

反射型	反射型はLEDからの反射光をフォトダイオードで検出することで、対象物の光の反射率を調べることなどに使われます。
透過型	透過型は、LEDとフォトダイオードを向かい合わせて配置して、物体の有無を調べることなどに使われます。

11 フォトインタラプタの応用

　自動ドアでフォトインタラプタを用いたときの一例について紹介します。扉の上側にプーリとリンクしたベルトを配置し、互いに逆方向になるように動かします。プーリは、回転する軸に固定し、同軸上にスリット板を配置します。軸が回転するとLEDが発光して赤外線が断続的にフォトダイオードに届き、パルス信号に変換されます。これをマイコン（制御回路）が受けて、情報を処理し、駆動回路に知らせます。駆動回路は、電流を調整し、モータのパワーを制御します。モータのパワーが落ちるとドアは減速して閉まるという仕組みです。

　自動ドアに使われるセンサには、フォトインタラプタなどの光センサが約7〜8割近く用いられています。光センサは誤動作が少ないセンサですが、まれに不安定な動作を示すこともあります。完全を期して、遠赤外線を感知する熱センサ、近赤外線などの補助用センサも併用されています。

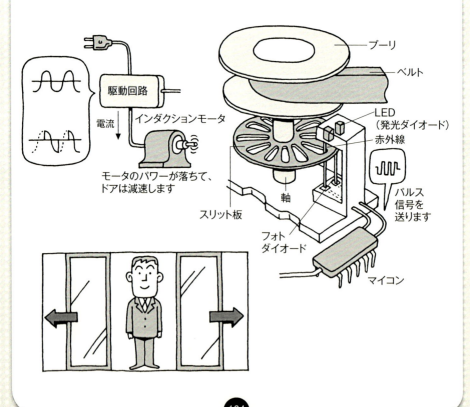

12 近接センサ

　近接センサ（近接スイッチ）は、接近する金属体の有無を非接触で検出します。高精度の検出には向きませんが、導入が容易なので、精度がラフな検出用として採用されています。近接センサの選定では、測定可能な距離（範囲）、センサに供給可能な電源（交流／直流電圧）、設置スペース、扱いやすさ、寿命などの項目を検討します。検出能力をきちんと発揮させるためには、センサの性質について把握しておくことが重要です。

◆近接センサの性質

　近接スイッチは、一般的に以下のような性質があります。
① 検出対象によって検出位置（設定位置）が異なる
② 測定対象の面積や厚みで検出位置が変化する
③ 近接した設置では相互干渉が発生する
④ 狭い場所での設置は周囲の影響を受け、感度が低下し、位置決め不良が起こる
⑤ 温度・湿度の影響で検出距離が変化する
⑥ 磁気に弱い

用途から見た選択のポイント

選択目的・条件	留意点	最適機種の例
位置決め、有無検出	・動作位置精度の良いこと ・動作位置情報が容易なこと	・透過型（溝型） ・リフレクタ型 ・測距反射型
微小物体検出	・細いビーム ・光スポットが小さいこと ・高感度調整機能付	・光ファイバ型 ・マークセンサ ・LD光源
高速検出	・速い応答速度	・高速応答型
透明物体検出	・高感度反射型	・リフレクタ型
凸凹検出	・応差の距離が小さいこと	・限定反射型
色マーク検出	・検出する色と下地色、センサの光源色 ・検出速度が速いこと	・マークセンサ ・光ファイバ
凸凹に関係なく検出	・光スポットの大きいこと	・広視野型（広視野ビーム型）
色に関係なく検出	・取付方向	・測距離反射型

13 イメージセンサ（CCD）

イメージセンサは光センサの一種で、画像検出が得意なセンサの代表です。検査や監視カメラなどの心臓部として知られています。イメージセンサには大きく分けてCCDとCMOSの2つのタイプがあります。イメージセンサの選定では、目的に応じて、感度、ノイズ、ダイナミックレンジ、空間解像度、速度などの項目を検討します。また、小型化、軽量化、低電圧駆動、低消費電力も重要です。

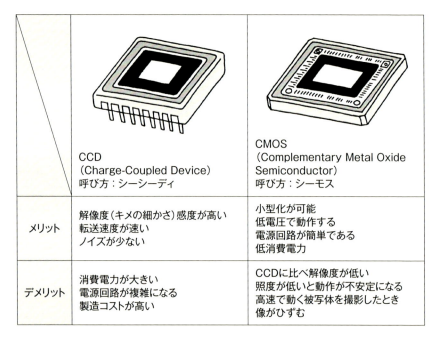

	CCD （Charge-Coupled Device） 呼び方：シーシーディ	CMOS （Complementary Metal Oxide Semiconductor） 呼び方：シーモス
メリット	解像度（キメの細かさ）感度が高い 転送速度が速い ノイズが少ない	小型化が可能 低電圧で動作する 電源回路が簡単である 低消費電力
デメリット	消費電力が大きい 電源回路が複雑になる 製造コストが高い	CCDに比べ解像度が低い 照度が低いと動作が不安定になる 高速で動く被写体を撮影したとき像がひずむ

画像読み取りの走査方式の分類に、リニアイメージセンサ（CCDとCMOS）とエリアセンサ（CCDとCMOS）があります。前者を一次元イメージセンサ、後者を二次元イメージセンサと呼びます。一次センサは、ラインイメージセンサともよばれ、一度に画面全体を走査（情報の取得）することができます。

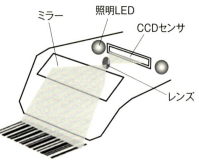

14 磁気センサと分類

◆磁気センサ

　工場などの悪環境では、油汚れに強く、非接触であるという理由から、磁気センサがよく使われています。磁気センサは、磁石によるN極とS極の磁化によって吸引力を発生する「吸引力型」と電流の流し方で磁界を発生させてそれを電圧に変換する「変換型」に分類されます。

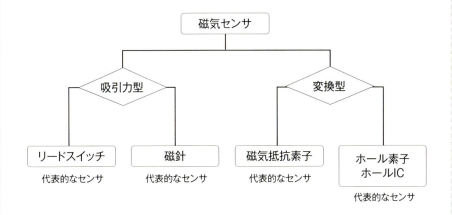

◆ホールICとリードスイッチ

　ホール素子やホールICは、ホール効果（Hall Effect）と言われる電流磁気効果を応用したセンサです。精密機械の開閉検出からモータの回転検出まで、幅広く利用されています。

　吸引力型の代表が、リードスイッチです。リードスイッチは、永久磁石など磁気を帯びたものが近づくと、それに引かれた片方の接点が相手側の接点に接触する構造で、開閉検出や物体の有無の検出を行います。安価で大量生産向きのセンサです。

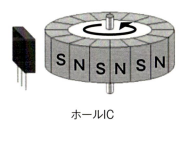

ホールIC

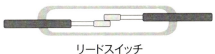

リードスイッチ

15 加速度センサとジャイロセンサ

◆加速度センサ

　速度が変化（増加したり、減少したり）すると加速度が生じます。これをセンシングするセンサに、加速度センサがあります。加速度センサは、機械の動き、つまり、上下、左右、前後の変位や傾きを検出できることから、モーションセンサとも呼ばれています。加速度センサは、軸の数（上下、左右、前後で3軸）、測定レンジ、検出周波数（高周波数ほど衝撃を検出できる）、精度、サイズ、価格などを考慮して選定します。

加速度センサの比較

種類	サイズ	価格	精度	検出周波数 低周波	検出周波数 高周波	加速度レンジ	主な用途
圧電型	○	○	△	×	◎	高	衝撃検出（エアバック衝突評価）
ピエゾ抵抗型	◎	◎	△	○	△	低	携帯機器・ゲーム機（MEMS技術による小型化）
静電容量型	○	○	○	◎	△	低	自動車 車体制御（自己診断機能の実現が可能）

◆ジャイロセンサ

　加速度センサは動きを検出できますが、回転は検出できません。ジャイロセンサは回転（角速度）を検出できるセンサです。ジャイロセンサの角速度は、dps（ディー・ピー・エス）という単位で表され、1秒間に傾いた角度を示します。ジャイロセンサの最も単純な原理は、回転面を傾けるような外力が加わると、元の状態を維持しようとするために慣性力が発生します。その慣性力を検出することで、角速度を検出することができます。ジャイロセンサは仕組みや構造によって、3種類に分類できます。

16 ひずみゲージ・ロードセル

　力センサは、アナログとディジタル出力の両者があります。アナログタイプは、ひずみゲージや圧電素子などがあり、ディジタル出力には圧力スイッチなどが代表的です。また、力を測定できるセンサは、ばねやピエゾフィルムを利用したセンサ、圧電素子、変位センサなどがあり、他にも色々なセンサがあります。その中でも手軽に用いられているのがひずみゲージです。ひずみゲージを応用して力（質量やトルク）を測定するセンサがロードセルです。

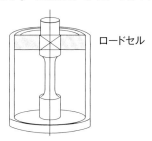

ロードセル

◆ひずみゲージ

　外力に比例して材料が伸びたり縮んだり変形すると抵抗が変化して、その変化量（力、圧力、張力、重量など）を電気信号として検出するセンサがひずみゲージです。一般的にひずみゲージは、微小な抵抗値変化の検出に適したセンサです。ひずみゲージの抵抗値を $R(\Omega)$、伸びまたは圧縮によって生じた抵抗値変化を $\triangle R(\Omega)$ とすると、ひずみ ε は以下の式で求められます。Kはゲージによって固有の比例定数で、ゲージ率と呼ばれます。下図のようなブリッジ回路に接続して用いられます。

$$\frac{\triangle R}{R} = K \cdot \varepsilon$$

抵抗値 $= R(\Omega)$
抵抗値変化 $= \triangle R(\Omega)$
ひずみ $= \varepsilon$
ゲージ率 $= K$

$R_1 = R_2 = R_3 = R_4$、または
$R_1 \times R_3 = R_2 \times R_4$

$$e = \frac{1}{4} \cdot \frac{\triangle R}{R} \cdot E = \frac{1}{4} \cdot K \cdot \varepsilon \cdot E$$

電圧 $= E$
出力電圧 $= e$

17 温度センサ

　温度状況をセンシングするために幅広く使われているのが温度センサです。温度センサは、アナログセンサとディジタルセンサとに区分され、それぞれ接触式と非接触式があります。接触式は、直接測定対象に接触して温度を測定します。非接触式は、測定対象から発せられる熱や赤外線などを検出します。

◆温度センサの選定

　温度センサを選定する際、動作範囲、感度、線形性、応答時間などの電気的特性や使用環境、コストを考慮して選びます。例えば、サーミスタは、高速応答、高出力に優れていますが、温度範囲が狭く、外部電源が必要になります。これに対して、熱電対は感度や安定性が低いため、これを補償する手段が求められます。外部電源が必要になるか否かの検討も必要です。

温度センサ

接触式

	サーミスタ	測温抵抗体 (RTD)	熱電対	IC温度センサ
温度範囲	−100〜 +500℃	−240〜 +700℃	−267〜 +2316℃	−55〜 +150℃
精度	キャリブレーションに依存	◎	○	○
追加回路の必要性	−	−	−	不要
リニアリティ	△	○	○	◎
価格	中〜低	高	高	中〜低
センサの形				
長所	・高出力 ・応答が速い ・2線式の抵抗測定	・安定性が最高 ・精度が最高 ・熱電対より線形	・自己出力形 ・簡単 ・頑丈 ・安価 ・種類が豊富 ・測定範囲が広い	・最も線形 ・最も高出力 ・安価
短所	・非線形 ・温度範囲が狭い ・壊れやすい ・電流源が必要 ・自己発熱	・高価 ・絶対抵抗値が低い ・小さい△R ・電流源が必要 ・自己発熱	・非線形 ・低電圧 ・基準接点が必要 ・安定性が最低 ・感度が最も低い	・200℃以下 ・応答が遅い ・構成が限られる ・電源が必要 ・自己発熱

非接触式

熱型

赤外線を受けたセンサ素子の温度変化を利用

量子型

赤外線の光量を受けたセンサ素子の変化を利用

18 自動化におけるセンサ応用例＜その１＞

　自動機は、本体（ベースマシン）、作業用ユニット、供給装置の３ユニットが基本構成となり、一般的にはシーケンス制御でコントロールされます。下図は、自動機の代表例です。本体は、モータ、ウォームギアを使った減速機、クラッチ＆ブレーキ（C/B）などの要素部品を介してテーブルを一定角度で間欠回転させます。

　回転→停止→回転を繰り返してワークを移送する装置をインデックスユニットと言います。作業ユニットには、部品をかしめるプレス機があり、供給装置には、部品を整理して送り出すパーツフィーダや整理された部品をつかんで並べるピック＆プレース機などが配置されています。

　自動機は、搬送ラインに合わせて送り時間のタイミングをとる必要があります。これを同期と言います。一斉に同期をとるには、各ユニットに開始（スタート）・停止（ストップ）、リセット信号などを知らせなければなりません。そこで、安価で使いやすいリミットスイッチ（LS）を随所に配置します。リミットスイッチは、作業の開始、終了を知らせるほか、動作範囲の限界領域を定めたり、非常停止用、機械の原点設定用など、工夫次第でさまざまな使い方がされています。

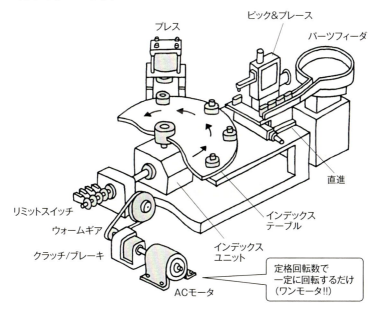

第5章　シーケンス制御で使われるセンサ

19 自動化におけるセンサ応用例 ＜その2＞

　下図は、非接触のセンサを用いた事例です。ターンテーブルで移送されてきたワークの高さを、タッチセンサを使って1/100 mm単位で検出する自動化装置です。この装置では、ターンテーブルとセンサを直角に保ち、ワークの測定面とセンサの位置を毎回合わせます。モータによってカムを回転させると、リンクアームの他端に配したターンバックルが上下し、測定基準位置までタッチセンサを下降した状態で測定が開始されます。ここでは、ユニット（テーブル）からの大きな反力を吸収するため、カム、スプリング、スライドキーの3つの組み合わせで停止精度を出します。また、センサを固定する取付け部品には、図のような割りねじを使います。割りねじを使ってセンサを固定する場合は、強度および剛性、セット力に注意する必要があります。

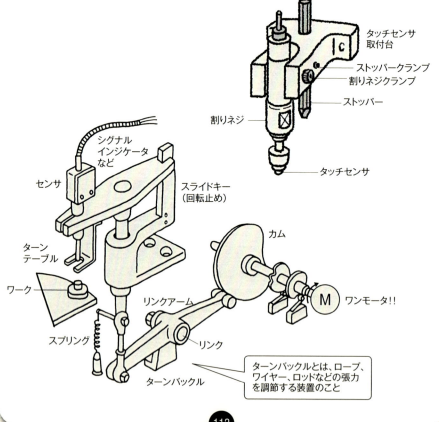

Dr.まみ先生の30分間メイキング！
センサを動かしてみよう　その3

アルデュイーノを動かすためのインストール！

　回路の配線が終わったら、USBケーブルを用意して、アルデュイーノとパソコンを接続します。そのあと、アルデュイーノを動かすためのプログラムが書き込めるように、専用のソフト「Arduino IDE」をパソコンにダウンロードします。ダウンロードは、以下のURLからできます。
https://www.arduino.cc/en/Main/Software

　ダウンロードが終わったら、「Arduino IDE」を起動してみよう。プログラムの編集画面が表示されたら終了だよ。

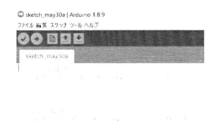

ここで、ファイル名をつけて保存しておこう。
英字半角ならOK！　例）cbs1

ひとまず
インストールせよ！

第 **6** 章

フィードバック制御で使われるセンサ

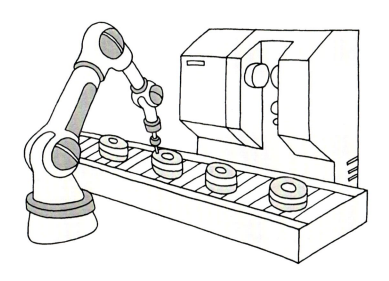

1 フィードバック制御（サーボ機構）の概要

　フィードバック制御は、センサからの信号を読みとり、目標値と制御量が一致するように演算を繰り返しながらコントロールします。それにより、高精度な調整機能を備えたシステムが実現できます。産業用ロボットやドローンなどをはじめ、多くのメカトロニクス製品で、フィードバック制御が用いられています。

◆フィードバック制御の構成

　フィードバック制御は、「制御回路（コントローラ）」を中心に、「制御対象（アクチュエータ）」と「検出器（センサ）」の3つの基本構成から成り立っています。アクチュエータ（モータ軸）の状態は、センサで常に監視され、計算された誤差（偏差）結果をコントローラに知らせます。その誤差をコントローラで調整し、アクチュエータを操作します。フィードバック制御は、アクチュエータの「速度」、「位置（角度）」などの物理量を制御することが狙いです。それらの物理量を制御するシステムを「サーボ機構」と言います。サーボ機構に用いられるセンサには、アクチュエータの回転角度や速度の状態を量的に検出できるロータリーエンコーダなどが採用されています。

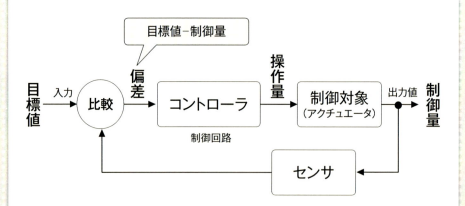

制御量：制御したい量（モータの回転角度など）
操作量：制御対象へ加える量（モータの回転角度など）
目標値：制御量の目標とする値
偏　差：目標値と制御量の差（偏差＝目標値－制御量）

2 フィードバック制御で使うセンサMAP

フィードバック制御で使われるセンサは、測定対象（物理量）によって以下のように大別できます。わずかな誤差でも高精度に検出できるセンサがいろいろと用意されています。

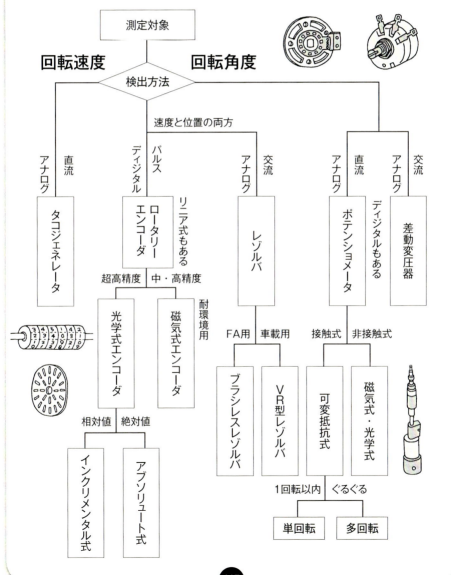

ディジタル／位置と速度を検出／ロータリエンコーダ

◆エンコーダの選定ポイント

　エンコーダはメカトロ装置の最終動作が直線運動なのか（この場合はリニアエンコーダ）、回転運動（および間欠運動）なのか（この場合はロータリーエンコーダ）によって、最初にセンサの形式が分かれます。高精度で高分解能を必要とする場合にはアングルエンコーダ（シャフトやポイントなど最終部位の角度を測定する）など専用のセンサを使用することもあります。

　エンコーダは、主に光学式と磁気式とに分類できますが、光学式は超高精度用であり、磁気式は、耐環境、耐久性に優れ、小型でスペースが小さい場所への取付けが容易です。したがって、耐久性、耐振性、保護等級（ほこり、切粉、水油）などの使用環境に考慮して選定を進めます。

　分解能を決める場合は、メカトロ装置の要求精度とコストのバランスを見ながら決定します。一般的に機械システムが要求する総合精度の1/2〜1/4精度の分解能で十分と言われています。

　ここでは、よく使用されているロータリーエンコーダについて、説明していきます。

◆ロータリーエンコーダ

　ロータリーエンコーダは、回転数（速度）と回転角度（位置）の両者をディジタル量に変換できるフィードバック制御の代表的なセンサです。一般的には、エンコーダが一体化されたモータが多用されています。このモータをサーボモータと言います。エンコーダは、軸が一定量回転するごとにパルスを出力するので、ディジタルの世界ではマイコンやパソコンとの相性が抜群です。ロータリーエンコーダの長所は、なんと言っても高精度なディジタルセンサであることです。ロボットや機械の位置、方位、姿勢などを制御するサーボ系には、欠かせないセンサです。

◆ロータリーエンコーダの種類

　ロータリーエンコーダは、単純にパルスだけを発生する「インクリメンタル型」と絶対的な位置情報をコードとして出力する「アブソリュート型」の2つのタイプがあります。

4 ロータリーエンコーダ/インクリメンタル型

◆インクリメンタル型の仕組み

　インクリメンタル型エンコーダの一般的な仕組みは、円板状のディスクに、例えば360等分の孔（スリット）を一定間隔であけ、その孔に向かって光（ダイオード）を当てながら検出する方式です。光がスリットを通過（ある）、遮断（なし）しながら、固定スリットで受けると、そこから角度を割り出し、パルス信号に変換します。1°動くとOFF ⇒ ON ⇒ OFFとなり1パルス、2°動くとOFF ⇒ ON ⇒ OFF ⇒ON ⇒ OFFとなり2パルス、これによって、モータの回転角度がわかります。1回転でいくつのパルスを出力するかを分解能と呼び、[パルス数/回転]という単位で表します。分解能力は、孔が360等分あれば1°、720等分なら0.5°と、細かくなればなるほど、高い精度が得られます。

例）生産ラインの速度をコントロール

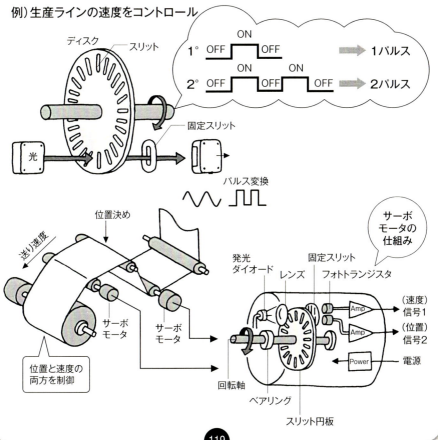

5 インクリメンタル型の方式

インクリメンタル型のエンコーダには、主に3つの方式があります。
（イ）1回転当たり、原点（Z相）とA相B相のパルスを出力
（ロ）1回転当たり、一定数のA相B相パルスを出力
（ハ）1回転について、一定数のA相のみを出力

（イ）は一般的な方式です。90°の位相差があるA相、B相の2つのスリットでパルス数をカウントします。Z相は、原点を知るために用意された基準のスリットです。エンコーダが右回転（CW）に回転するときは、B相のパルスはA相よりも1パルスの波長の1/4だけ、遅れて出力されます。これにより、①A相立ち上がり→②B相立ち上がり→③A相立ち下がり→④B相立ち下がり→A相立ち上がり…という順番でパルスが出力されます。

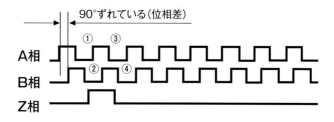

エンコーダが左回転（CCW方向）に回転するときは、A相のパルスはB相よりも1パルスの波長の1/4だけ、遅れて出力されます。これにより、①B相立ち上がり→②A相立ち上がり→③B相立ち下がり→④A相立ち下がり…という順番でパルスが出力されます。このように、出力されるA相とB相のパルスの立ち上がり、立ち下がりの順番で回転方向を判断しています。

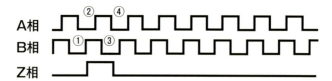

6 インクリメンタル型の逓倍機能

　インクリメンタル型には、逓倍（ていばい）機能を搭載しているものがあります。逓倍とは分解能を上げることで、入力された信号をn倍に変換します。通常の使い方をする場合、A相、B相とも1周期を1パルスとしてカウントしています。ここで、その1周期をA相立ち上がり、B相立ち上がり、A相立ち下がり、B相立ち下がり、A相立ち上がりと、エッジを細かく読み取れば、4逓倍に設定された状態となります。例えば、1024パルス（0.08mm）の分解能だとすると、4逓倍では、4096パルス（0.02mm）にまで精度を上げることができます。分周回路（パルスを1/nに細かくする回路）と組み合わせれば、さらに細かくすることもできます。

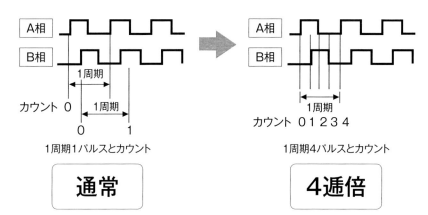

逓倍機能とカウント設定

A相	立ち上がり ↑		立ち下がり ↓		High(1)	Low(0)	High(1)	Low(0)
B相	High(1)	Low(0)	High(1)	Low(0)	立ち上がり ↑		立ち下がり ↓	
回転方向	逆(−)	正(+)	正(+)	逆(−)	正(+)	逆(−)	逆(−)	正(+)
1逓倍	○ カウント		× なし		× なし		× なし	
2逓倍	○ カウント		○ カウント		× なし		× なし	
4逓倍	○ カウント		○ カウント		○ カウント		○ カウント	

インクリメンタル型の仕様と検出方式

◆仕様

インクリメンタル形式の仕様には、定格や条件、センサのスペックや使い方が記載されています。電源電圧、消費電流、許容最高回転数は、記載の値を超えない範囲で使用できるかどうかを確認します。

形式（検出方式）	RO-1	ROX-2
検出方式	インクリメンタル	
電源電圧	DC5V ±5%リップルpp5%以下	DC5V～12V±10%
消費電流	15mA以下	30mA以下 無負荷時
分解能(P/R) パルス/回転	50/100/200	50/100/200/360/500/ 1000/2000
逓倍（分割倍率）	4倍	―
出力形態（相）	矩形波　A相、B相、Z相	A、A'、B、B'、Z、Z'
出力位相差	A、B位相差90°±45°	
出力形式	オープンコレクタ TLL（電圧出力）	ラインドライバ
最高応答周波数	100 kHz	1MHz
許容最高回転数	3000 rpm	6000 rpm

◆検出方式

インクリメンタルの検出方式には、光学式と磁気式があります。それぞれの特長をおさえ、使用目的や環境、コストなどを考慮して検出方式を選びます。

形式	光学式	磁気式
構造	スリット付きの円盤（ディスク）を装着	ドラムに磁気を着磁 （N極／S極を交互に着磁）
メリット	応答性に優れ、高分解能で精度が良い 信号精度の面で優れている	シンプルな構造でコンパクトである コスト面、耐環境性の面で優れている
デメリット	機構が若干複雑で耐環境面に弱い	光学式ほど高分解能ではない

8 インクリメンタル型の特性と使用条件

　仕様には、定格などの他に、機械的特性や環境的特性などがあります。これらの項目にも目を通して、仕様・条件を厳守する必要があります。

機械的仕様

形式		PTE-1	PTE-2
始動トルク	[mN/m]	≦0.01	≦0.05
回転イナーシャ	[kg·m²]	0.01×10⁻⁴	
軸許容力（ラジアル）	[N]	1.9	2.5
軸許容力（スラスト）	[N]	4.9	5.5
質量	[kg]	0.09	0.12

環境特性

形式		PTE-1	PTE-2
使用温度範囲	[℃]	−10〜+70	−40〜+100
保存温度範囲	[℃]	−25〜+85	−40〜+100
軸許容力（スラスト）	[N]	3.0〜8.0（結露しないこと）	
質量	—	10〜500Hz ≦100 m/s²	
衝撃	—	6ms ≦1000 m/s²	

◆軸許容力（ラジアル）と軸許容力（スラスト）

　軸許容力のラジアルとスラストは、エンコーダを取り付ける軸に加えることのできる負荷荷重の許容値です。荷重の大きさは、寿命に影響します。

◆回転イナーシャ

　エンコーダは、回転すれば軸まわりの慣性モーメントを発生します。そのため、使用に必要な加速性能に合った慣性モーメントのエンコーダを選択する必要があります。極端な加減速を伴うと、スリット円板取付部に大きな応力が加わり、スリット円板を破損することもあるので注意が必要です。

9 ロータリーエンコーダの出力形式

　TTL出力やオープンコレクタ出力などの出力形式でロータリーエンコーダを選定するには、接続する機器との相性、伝送距離、ノイズ環境などを考慮して決定します。TTL出力は、エンコーダからの出力信号がTTLレベルで出力されます。比較的簡単な回路でロジックICなどに接続できます。オープンコレクタ出力は、駆動できる電流値を大きくすることができ、TTL出力よりも配線長を伸ばせます。長距離へ伝送する場合は、ラインドライバ出力が向いています。

用語	説明
出力信号形式	**①TTL出力** 　TTLは、トランジスタと抵抗を使って構成したディジタル回路の一種で、5 Vのパルスで出力する方法です。電流値が低いので、配線を伸ばすとノイズが入りやすくなります。 **②オープンコレクタ出力** 　オープンコレクタは、正弦波状の信号をパルスに整形してそのまま出力する方法です。オープンコレクタの出力端子は、一般の端子よりも多く電流を流すことができるため、TTL出力より電気的特性を高めることができます。 **③ラインドライバ出力** 　ラインドライバは、2信号で出力されるためノイズに優れているといった特徴があります。ただし、配線数が多く、専用のドライバ/レシーバICが必要になります。他の出力形式と比較すると高価です。

10 ロータリーエンコーダ/アブソリュート型

　ロータリーエンコーダのもう1つの形式にアブソリュート型があります。アブソリュート型は、垂直方向にスリットが設けられていて、孔の数（電圧信号のパターン）は、2進法のコードで出力されます。1回転あたりの分解能が16ビット（65536）であれば、360°÷65536 ＝ 約0.005°の分解能が得られます。

　また、アブソリュート型は、絶対的な角度（いま円板がどこにいるかの現在位置の情報）を検出できるのが特徴です。原点に対して1回転、または多回転の絶対角度位置がわかるので、電源投入後にリセット動作などを行わなくても位置情報が読み取れます。トラブルが発生して復帰したとき、ただちに正確な位置情報がわかるため、工作機械やロボットなど、原点からの絶対量が求められる用途に用いられています。ただし、欠点として、構造が複雑で高価であり、回転数をメモリで保持しているため、専用の内蔵バッテリが必要になります。

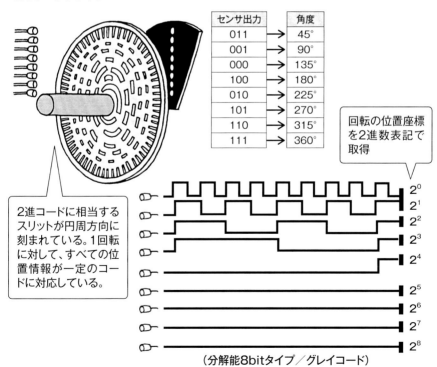

（分解能8bitタイプ／グレイコード）

アブソリュートの分解能

　分解能は、1回転（360°）に対する検出可能な角度の細かさを表すもので、分解能が大きいほど、細かい角度の検出が可能です。アブソリュート型の分解能として、1カウントあたりの角度表をまとめます。

bit	分割数	角度	秒
10	1,024	0.3515625	1265.63
11	2,048	0.1757813	632.81
12	4,096	0.0878906	316.41
13	8,192	0.0439453	158.2
14	16,384	0.0219727	79.1
15	32,768	0.0109863	39.55
16	65,536	0.0054932	19.78
17	131,072	0.0027466	9.89
18	262,144	0.0013733	4.94
19	524,288	0.0006867	2.47
20	1,048,576	0.0003433	1.24
21	2,097,152	0.0001717	0.62
22	4,194,304	0.0000858	0.31

◆インクリメンタル型とアブソリュート型の選定ポイント

　インクリメンタルとアブソリュートの選定では、コスト、電源立ち上げ時に原点復帰ができるか否か、送り速度、耐ノイズ性などを考慮して、最適なセンサを選定します。分解能はアブソリュート、インクリメンタルともに同じですが、インクリメンタルの方がお手軽です。また、コストにおいてもインクリメンタルの方が低く、送り速度が速いという特徴があります。アブソリュート方式は原点復帰が不要で、電源がOFFのときでも位置情報を保持できます。

	メリット	デメリット
インクリメンタルシステム	電源が不要	位置情報を管理するためには、電源投入時、原点復帰運転が必要
アブソリュートシステム	原点復帰運転なしで位置情報を管理できる	電源が必要

12 アナログ/位置と速度を検出/レゾルバ

回転角を検出するアナログセンサの代表が「レゾルバ」です。レゾルバは、耐環境性（振動、衝撃、温度、湿度）に優れており、実績のあるセンサです。ディジタルセンサは一般的に、耐環境性に弱いという特徴がありますが、レゾルバは、アナログ信号（交流）を出力するセンサなので、高い信頼性が必要とされる乗り物や工作機械、ロボットなどで幅広く用いられています。

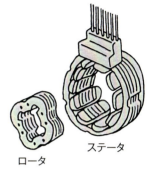

レゾルバ

◆レゾルバの仕組み

レゾルバの構造は、交流モータと似た構造です。回転するロータと固定されたステータの間に励磁コイルがあります。モータにレゾルバを直接取り付けます。交流によってモータを回転させると、それに合わせてレゾルバのロータが回転します。励磁コイルに交流電圧を印可すれば、$\sin\theta$と$\cos\theta$の2相の電圧を発生します。この出力電圧を電気信号に変換して角度を検出します。レゾルバは全回転360°の絶対角度を検出できます。

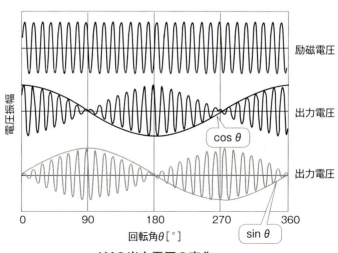

1Xの出力電圧の変化

13 レゾルバの軸倍角

　レゾルバには、軸倍角という機能があります。これは、ロータリーエンコーダの逓倍機能と似ています。0°から360°まで1回転したとき、$\sin\theta$、$\cos\theta$が1回転分の出力信号が出る場合を「1X」と呼びます。2回転分の出力信号では「2X」、n回転分では「nX」となります。軸倍角が大きいほど、角度検出精度が良好になります。

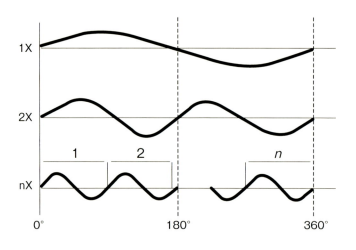

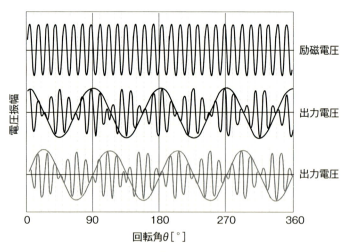

4Xの出力電圧の変化

14 アナログ/速度を検出/タコジェネレータ

　速度を検出するアナログセンサの代表が「タコジェネレータ」です。タコジェネレータ（以下、タコジェネと略する）は、機械的に丈夫で構造が簡単、温度の高い環境でも使用できます。一般的にはDCモータに直結、もしくは、ギヤなどに連結して、回転数を電圧として取り出します。タコジェネは、取り付けるスペースが小さくてすみ、超低速から高速までなめらかに、かつ、負荷の変動に対応して安定した速度検出ができます。

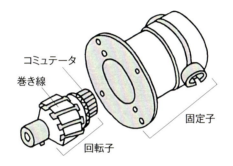

◆タコジェネレータの出力特性
　タコジェネレータの出力特性は、比較的、低速領域でも直線性や安定性を保つことができます。しかし、高速領域になると非直線性な特性を示します。AC型の場合は、低速領域と高速領域で非直線性になる特徴があります。

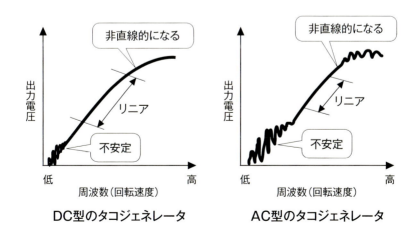

DC型のタコジェネレータ　　　AC型のタコジェネレータ

15 タコジェネレータの仕様と選定ポイント

◆仕様の見方・選び方のポイント

タコジェネは、用途、制御の仕方、精度や回転速度範囲などの条件によって選び方が異なります。以下に一般的なタコジェネのデータシートを示します。ここでは、タコジェネについて、いくつか留意するべき点について説明します。

データシートの例

形式		TG-1	TG-2
出力電圧	[V/krpm]	DC3 ± 10%	DC3 ± 10%
直線性	[%max]	0.8以下	± 1
リップル電圧	[%max]	2%以下	1 (RHS)/3 (P-P)
最大回転数	[rpm]	6000以下	
内部抵抗	[Ω]	35 (20℃)	45 ± 10% (20℃)
電機子インダクタンス	[mH]	7	7 ± 20%
回転イナーシャ	[kg·m^2]	0.011×10^{-4}	0.015 × 10^{-4}
質量	[kg]	0.09	0.12

◆出力電圧

タコジェネは、モータなどの回転体に直接取りつけて検出するため、電源は必要ありません。出力電圧と回転速度が比例関係となり、回転速度が上がると出力電圧も上がります。回転方向が変わると出力電圧の極性が変わります。単位は、[V/krpm]です。1rpmは1分間あたり1回転することを表しているので、krpmは、毎分1000回転のときに必要な電圧となります。

◆最大回転数

タコジェネの最大回転数は、取り付けるモータの最大許容速度（そのモータが回転できる最大の回転数）に基づいて定められています。したがって、直結するモータの最大回転数と同等か、安全率を見積もって1.2倍～1.5倍の最高回転数のタコジェネを選定することが望ましいです。

16 アナログ/速度を検出/磁気センサ

　速度を検出するアナログセンサに磁気センサがあります。磁気センサは、磁石のN極とS極とが交互に円周上に配列された回転子とそこから発生する磁束の変化を検知するホール素子で構成されています。磁界を感知すると、その変化に応じたパルス信号を出力します。パルス信号がコントローラに伝達されると、パルス信号に応じた電流を流します。ホール素子[※1]から得られた情報をもとに流す電流量を変えると、スピードを上げたり下げたりできます。

第6章 フィードバック制御で使われるセンサ

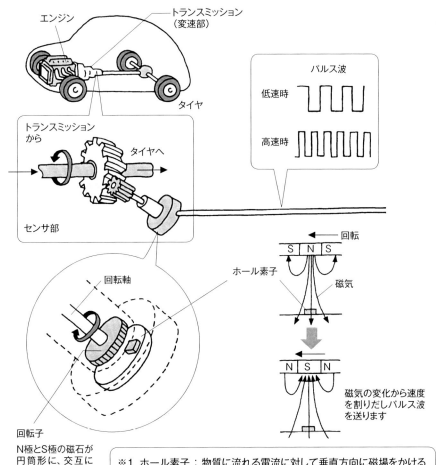

※1 ホール素子：物質に流れる電流に対して垂直方向に磁場をかけると、両方に直行する方向に起電力が生じる現象を利用して、磁石や電流が発生する磁界を電気信号に変換する磁気センサのこと

17 アナログ/位置を検出/ポテンショメータ

　ポテンショメータは、過酷な環境条件に強いアナログセンサとして幅広い分野で利用されています。回転角の変化を抵抗値の変化として検出し、それを電圧に変換出力するセンサです。構造的・原理的にはとてもシンプルで、抵抗値の大きい抵抗体の面に沿ってブラシ（導体）がスライドします。そして、ブラシの回転角度に応じて、抵抗値が変化し、これを測定します。ポテンショメータには、3つの端子（1、2、3）があります。2番端子が右に動くと、1-2端子間の抵抗値は大きくなり、2-3端子間の抵抗値は小さくなります。例えば、モータ制御の場合、1番端子をグランド、2番端子を入力信号（回転軸）、3番をA/D変換器の基準電圧に接続した場合、回転角度に応じて直線的に変化する出力電圧値が得られます。ポテンショメータは、ポット(POT)と呼ばれています。

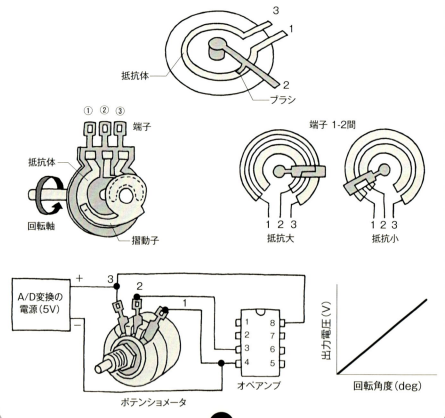

18 ポテンショメータの仕様

ポテンショメータのデータシートには、以下のように、「電気的特性」、「機械的特性」、「環境特性」と3種類の項目があります。特に、電気的特性は、1つずつよく確認していき、仕様内で使うことを厳守しなければなりません。

電気的特性

形式		PTE-1	PTE-2
定格電力	[W]	0.5/50℃	0/85℃
最大印可電圧	[V]	50	AC100/1分間
有効電気角	[deg]	315 ± 5°	340 ± 2°
全抵抗値	[Ω]	5k	10k
抵抗値許容差	[%]	± 20	
単独直線性	[%]	± 2	

軸の回転角度に応じて出力電圧が変化する角度範囲または範囲（ストローク）を有効電気角と言います。この範囲を超えると短絡状態になったり、センサとして有効な出力が得られなくなったりするので注意が必要です。

全抵抗値とは、ポテンショメータの①-③端子間（両端端子間）における抵抗値です。ポテンショメータの抵抗値の選定では、少し余裕を持った値を選びます。

$$\frac{負荷抵抗}{100} > 抵抗値 > \frac{(電源電圧)^2}{定格電力 \times 0.5}$$

機械的特性

形式		PTE-1	PTE-2
機械角	[°]	320	360エンドレス
回転トルク	[mN·m]	2 以下	
質量	[g]	40	20
許容ラジアル	[N]	3	2
許容スラスト	[N]	1	5

環境特性

形式		PTE-1	PTE-2
使用温度範囲	[℃]	−40〜+80	−40〜+100
保存温度範囲	[℃]	−40〜+80	−40〜+100
回転寿命	回	1000万以上	
振動	—	150m/s² 3軸各2時間	
衝撃	—	500m/s² 6方向各3回	

第6章 フィードバック制御で使われるセンサ

19 ポテンショメータのカーブ曲線

　ポテンショメータのような可変抵抗を使ったセンサでは、Aカーブ、Bカーブ、Cカーブ、Dカーブとその特性にいくつかの種類があり、それぞれ特性曲線があります。カーブ曲線は、回転角度とその角度に対応した抵抗値の変化量を意味します。通常、抵抗値の変化は、(1)のような直線的な特性を示します。これをBカーブと呼びます。最初から最後まで均一にパラメータが変わるように設定されています。(2)は、最初は回転量に対して、ゆっくりと増えていき、真ん中を過ぎると対数的に急激に増えるものです。これをAカーブと言います。Aカーブの反転が(3)のCカーブです。(4)のDカーブは、Aカーブをより極端にしたような特性を持ちます。ポテンショメータの仕様には、「100 kA」や「A100K」と記載されており、「100 kΩのAカーブ」と読み取ることができます。

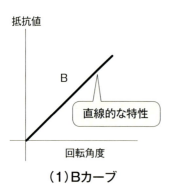

(1) Bカーブ

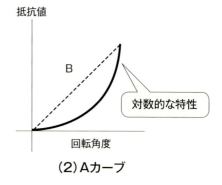

(2) Aカーブ

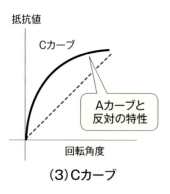

(3) Cカーブ

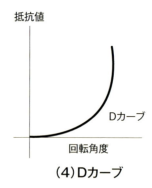

(4) Dカーブ

20 自動化におけるセンサ応用例（スキャニングシステム）

下図はサーボ系におけるスキャニングシステムの一例です。ワークの表面形状をセンサの先端（フィラーと言います）で表面上をトレースさせるために、エンコーダを搭載したサーボモータで位置の高さをフィードバックしながら昇降駆動させます。ワークの表面形状を0.1～1mm程度の球状の先端を持ったフィラーで測定するには、フィラー接触圧を5g以下に制御しなければ、フィラーがワークに食い込んでしまい、正確な形状の測定ができません。フィラーは、特殊なばねで支持された構造のため、接触圧を5g以下に制御するには、制御の誤差を50μm程度に保つようにします。スキャニングセンサは、フィラーが正確な状態を保って測定しているかをセンサに組み込まれている位置検出器の出力信号によってフィードバックして検出しています。このフィードバック信号に誤差がある場合、それを修正する制御が行われています。この制御システムを「クローズドループ」と言います。

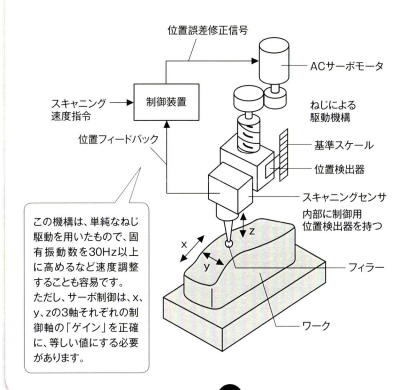

21 自動化におけるセンサ応用例
（2つのコンベアの高速同期制御）

　下図はサーボ系において高速同期制御を行う場合の一例です。2つのコンベアAとBを同じ速度で運転させるとき（同期をとるとき）、フィードバックによる速度制御を行います。コンベヤAは、モータの回転軸とは別の位置にタコジェネレータを装着して、出力信号（回転数）を検出し、その速度指令をサーボドライバ（アンプ）に知らせます。ドライバは、その指令によって、コンベヤBの速度制御を行います。ACサーボモータには、ロータリーエンコーダが搭載されており、速度指令に伴って、コンベヤAに同期させます。

　一方、超低速の回転制御では、フィードバック信号を得るためにタコジェネレータを使用すると、装置自体が高価になるという問題があります。このため、タコジェネレータに代替して、比較的廉価なロータリーエンコーダを組み込む場合もあります。ロータリーエンコーダは、パルス数をカウントすることによってディジタル的なフィードバック制御を行うことができます。しかし、超低速でサーボモータを駆動する必要がある場合は、ロータリーエンコーダから出力されるパルス数も極めて少ないため、精度上の問題が懸念されます。これを解決するために、高周波のロータリーエンコーダを用いることも考えられますが、装置自体がより高価になります。精度とコストは基本的にトレードオフの関係にあります。それらをいかにバランスよく組み合わせるかが付加価値の高い製品につながります。

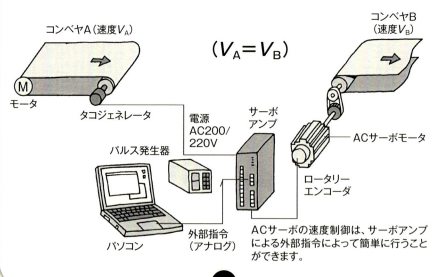

Dr.まみ先生の30分間メイキング！
センサを動かしてみよう　その4

センサから取得したデータを表示させるプログラムを作成しよう！

「Arduino IDE」の編集画面を全部消して、最初から、とにかく無心になって打ち込もう。意味は考えるな、下の画面通りに打ち込め！

```
void setup() {
  Serial.begin(9600);
}

void loop() {
  char pr[0];
  sprintf(pr, "%d", analogRead(A0));
  Serial.println(pr);
  delay(1000);
}
```

「打ち込み完了」で、いったん保存しておこう。次に、画面のチェックマーク✓を押すんだ。これは、「コンパイル」といって、プログラムが正常に走るかどうか検証するもの。プログラムにミスがあれば、エラーになるし、問題がなければ、完了する。ここで、アルデュイーノとパソコンがケーブルでつながれているか確認しておこう。次に、→マークを押せ。これは、プログラムをアルデュイーノに書き込むボタンだ。

この画面が出たらコンパイルが成功だ！

①保存　②書き込む　③検証

考えるな、打ち込め！

書き込みがうまくいかなかったとき
・シリアルポートが選定されていない
・接触不良（中途半端な接続具合）
・プログラムのエラー
差し込み状態、プログラム内容を確認せよ

増幅回路とフィルタ回路
~アナログ信号処理技術①~

> センサから出力されるアナログ信号をマイコンなどで扱うようにさせるためには、その前段としてディジタル信号に変換しておかなければなりません。本章では、メカトロ・センサのデータ処理に必要な「増幅回路」と「フィルタ回路」について説明します。

1 アナログ信号処理とシグナルパス

　センサが出力するアナログ信号は、一般的には数pV～数十mV程度のとても小さな信号です。これをコンピュータが読み取れるようにするには①「増幅器」という回路で数十倍の大きな信号にします。ところが、アナログ信号を大きく増幅すると、余分なノイズも一緒に大きくなってしまいます。そこで、必要な信号だけを取り出す②「フィルタ」回路を使ってノイズをカットします。また、コンピュータはディジタルで動作しているので、ディジタル形式に合わせる必要があります。これにはアナログからデジタルに変換する③「A/D変換」回路が用いられます。このような、センサからパソコンまでの①から③の技術を「シグナルパス」と言います。

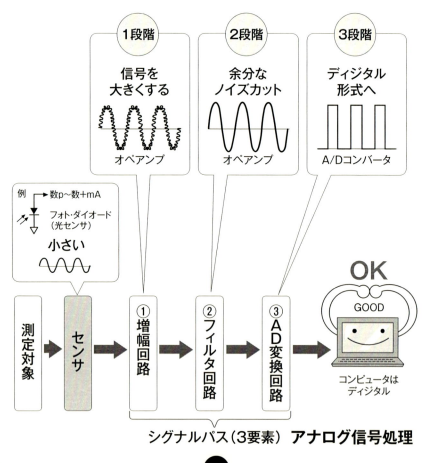

2 アナログ回路とディジタル回路

　シグナルパスの増幅回路やフィルタ回路のほとんどは「抵抗」、「コイル」、「コンデンサ」、「トランジスタ」などの電子部品（素子）によって構成されています。このような部品で作られる回路を「アナログ回路」と言います。アナログ回路は、温度や環境の変化によって、特性も変化してしまうという弱点があるため、常に調整が必要です。しかし、特定の信号を取り出したい場合、入力に応じた結果を瞬時に得たい場合、高速または大電流の信号を扱う場合などには威力を発揮します。

　一方、ディジタル回路はアナログの処理機能を加減乗除（＋，－，×,÷）の四則演算に肩代わりさせたものと言えます。これを使って信号処理することを「DSP」（Digital Signal Processing、または、Digital Signal Processor）と呼びます。DSPは、環境に左右されず、安定的に信号処理ができます。

　メカトロ製品には、アナログ回路とディジタル回路の両者が併用されています。アナログ回路には、奥深さがあり、ディジタル回路には力強さがあります。アナログ回路が欠けてもディジタル回路が欠けても付加価値の高い良い製品を生み出すことはできません。ここでは、アナログ回路の基礎となる「オペアンプ」について説明します。

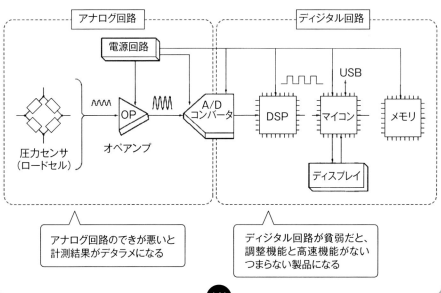

3 増幅回路と言えばオペアンプ

　増幅回路の王道と言えば、「オペアンプ」です。オペアンプは、アナログICの代表とも言われ、アナログ信号を増大させるだけでなく、ノイズをカットすることもできる電子部品です。また、足し算、引き算、微分、積分などの計算もできる万能な部品なので、多くのメカトロ・システムに使われています。オペアンプの技は、約100通りあると言われ、原理や利用方法を説明するだけで1冊の本になるほどです。

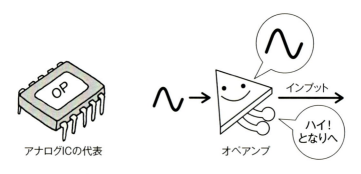

　オペアンプの種類は、大きく分けると「信号用」と「パワー用」の2つに分類できます。パワーとは「駆動する」という意味があり、[V]、[A] オーダーの比較的大きな電圧・電流を扱うことができます。一方、信号用では、[mV]、[mA] オーダーの比較的小さな電圧、電流を扱います。

　また、オペアンプは、高速、低速でも分類されます。高速用のオペアンプは、約50M～100MHzで、無線通信や医療機器に使われています。低速用のオペアンプは、50MHz以下で、センサの温度や光、圧力などの物理量を検出する用途に適しています。

※センサから出力されたアナログ信号を扱うオペアンプは「信号用」で「低速用」を採用します。

4 オペアンプの構成

　一般的なオペアンプの形状は下図のようなものです。通常、よく見かけるものは8ピン（8端子）で、切り欠き（ドットマーク）と呼ばれるマークを見て、左から反時計回りに1～8番の端子番号がふられます。それぞれの端子にはそれぞれの働きがあります。回路図は、右向きの三角形に線をはやした記号で表されます。

　さて、下記の「端子の働き」では、4番と7番が電源まわりの端子です。「負電源」、「正電源」と記載されている場合、それぞれ、−15 Vと+15 Vを持つ「両電源」につなぐ必要があります。

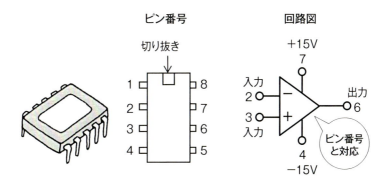

端子の働き
1番端子：
2番端子：反転入力端子
3番端子：非反転入力端子
4番端子：負電源端子（−15 Vを供給）
5番端子：
6番端子：出力端子
7番端子：正電源端子（+15 Vを供給）
TA75071P

まず電源を確認!!

5 両電源と単電源

オペアンプには、両電源用オペアンプと単電源用オペアンプがあります。

◆**単電源オペアンプ**：正電源とグランド（GND：0V）につなげることが一般的です。この場合、基準をGND（$-V_{ee}$）（0V）にして、正電圧（$+V_{cc}$）を加えて使用します。

◆**両電源オペアンプ**：正電源（$+V_{cc}$）と負電源（$-V_{ee}$）につなげることが一般的です。つなぎ目（GND：0V）を基準にして、正電圧と負電圧を加えて使用します。

※ 両電源オペアンプは単電源でも駆動できるものが多い。

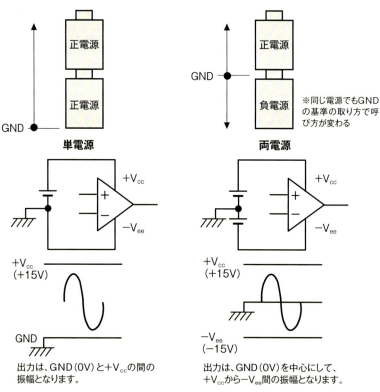

オペアンプの電源端子名の例

	バイポーラタイプ	CMOSタイプ
正電源端子	V_{cc}	V_{dd}
負電源端子	V_{ee}	V_{ss}

6　オペアンプの基本原理

　ここからは、知っておくと得するオペアンプの基本原理についてやさしく説明します。オペアンプは、下図のように右向きの三角形に、プラスとマイナスの2つの入力端子と三角の頭の方に1つの出力端子があります。端子というのは「入力」または「出力」を構成する点のことで、図のように〇で描かれます。また、端子を「ポート」と呼ぶこともあります。ポート（port）は港のことで、信号やデータが出入りすることから名づけられています。

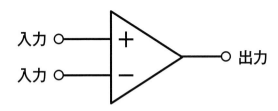

　オペアンプは、2つの入力端子で構成されていますが、これには機能的に2つの大きな違いがあります。それを区別するためにオペアンプの回路にはプラスとマイナスの記号がついています。プラスの方を「非反転入力」と言い、マイナスの方を「反転入力」と言います。この2つの入力をまとめて、「差動入力」と呼びます。オペアンプは、2つの入力のうち、どちらの端子に入力電圧が多く入るかによって、波形をそのままの状態で増幅して出力するのか、波形の形を反転して増幅して出力するのかに機能が分かれます。

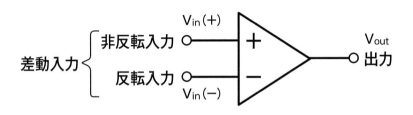

※それぞれの端子は、入出力を明確にするために、
　$V_{in}+$、$V_{in}-$、V_{out}などと、ラベル付け（呼び名がある）されています。

7 オペアンプの機能 〜反転と非反転〜

　ここで、「反転」という意味について説明します。例えば、図①のように、非反転入力（$V_{in}+$）側に、多くの入力電圧が入ると、出力はそのままの波形（正相）で増幅されます。逆に、図②のように、反転入力（$V_{in}-$）に多くの入力信号が入ると、出力は、波形が反転（逆相）し、増幅されます。回路記号に書かれている「A」は、オペアンプの増幅率を表す記号です。例えば、増幅率Aが2倍だった場合、反転入力に+1 Vが加えられると、出力（V_{out}）は−2 Vになって出力され、−1 Vが加えると、+2 Vが出力されます。非反転入力端子の場合は、その増幅率で素直に増幅されて出力されます。

① 非反転入力の場合

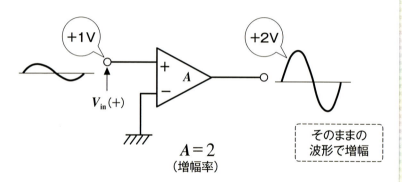

② 反転入力の場合

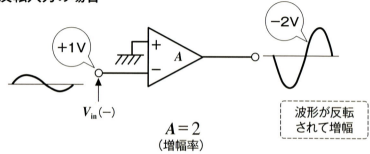

8 オペアンプの増幅率 ～ゲイン～

オペアンプは、入力されるx_1とx_2の2つの電圧の「差」を大きな「増幅率」で増幅して出力します。増幅率Aは「ゲイン」、または利得と呼びます。オペアンプの増幅率は、通常、60 dB（10^3倍）から120 dB（10^6）程度と非常に大きな増幅度があります。

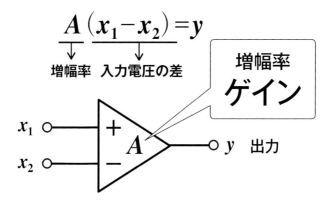

例えば、増幅率Aが10万だとします。非反転入力x_1に0.1 mV、反転入力x_2に0 V（GND）の入力電圧があったとすると、0.1 mVを10 Vまで増幅することができます。

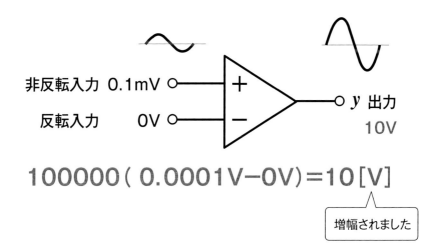

9 オペアンプの増幅の限界値

それでは、オペアンプは、どれくらいまで大きく増幅できるのでしょう。実際のオペアンプは、電源電圧以上に増幅できない仕様となっています。

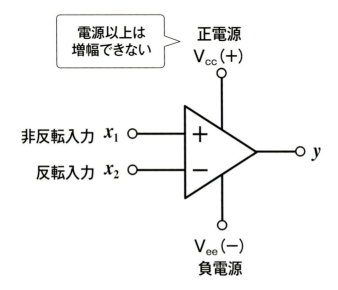

10 オペアンプの使い方 〜イマジナリショート〜

　一般的なオペアンプの使い方は、単体としてではなく、2本の抵抗を組み合わせて回路を構成します。その使い方の1つに「イマジナリショート」（別名、「バーチャルショート（仮想短絡）」）があります。イマジナリショートは、2端子間の入力電圧の値を同じにして（ゼロにして）使おうというものです。これには、負帰還（フィードバック）という形で構成します。そもそもフィードバックとは、出力側と入力側とを一致させるループを意味します。フィードバックで構成された回路の中で、「負帰還がかかった」と判断したオペアンプは、2つの入力端子の電位差を見ながら、電位差が0Vになるように調整します。

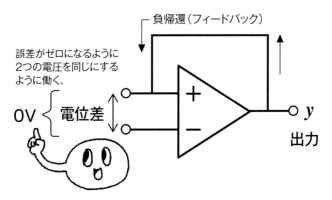

　では、ゼロにすると何が良いのでしょう。それは、オペアンプ自身が持つ増幅率を自由に変更できることです。通常、オペアンプ自身の増幅率は固定されていて変更はできません。しかし、2つの抵抗R_1とR_2を使って、負帰還を構成すれば、抵抗だけで増幅率Aを決定することができます。

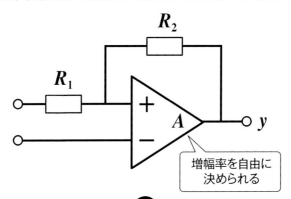

11 イマジナリショートの考え方

　それでは、2つの抵抗を使ったイマジナリショートの仕組みについて、非反転入力のオペアンプ回路で考えてみましょう。オペアンプの入力（−）がグランド（GND）で0 Vです。ここでは、2つの入力は、同じ電圧になるものと考えます。したがって、入力（+）も、二点鎖線のように（仮想ショートとして）、0 Vにつながるものと考えます。ここで、入力電流i_1が入力（+）に流れると、R_1という抵抗を通り、a点からc点へと出力されi_2となって戻されます。c点からフィードバックされた抵抗R_2を通ってd点で合流します。このときのオペアンプは、合流点で、$i_1 + i_2 = 0$（相殺）となる性質があります。

　以上のことから増幅率と入出力電圧と抵抗の関係を式で表すと、下記のようになります。

$$A = \frac{V_{out}}{V_{in}} = \frac{R_2}{R_1}$$

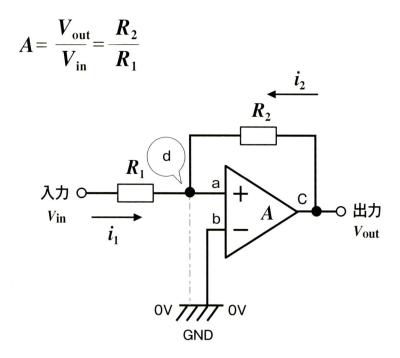

12 オペアンプ回路をシーソーのイメージで考える

さて、負帰還（フィードバック）で構成されたオペアンプの回路図は、下図のように90度回転させた図で説明できます。まず、抵抗R_1と抵抗R_2を同じ位置に移動します。図では、縦の方向が電圧の高さです。抵抗R_1とR_2の間の点Xは、仮想ショートによって、0V（グランド電圧）につながるものと考えます。

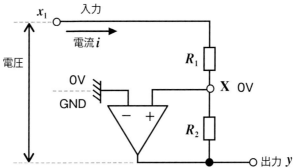

ここで、下図①のように入力電圧が上がると、出力電圧はそれに比例して下がります。また下図②のように入力電圧が下がると、出力電圧は上がります。このようにシーソーのイメージで考えると、例えば、R_1とR_2の抵抗値を同じとすれば、入力が+1Vならば、出力は1Vとなります。R_1を10kΩ、R_2を20kΩの抵抗値に変えると、入力が+1Vならば、出力は2Vと2倍になって出力されます。このように、R_1とR_2の比を決めることで、増幅率を自在に変えることができるのがイマジナリショートの特徴です。

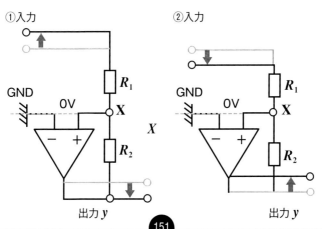

第7章 増幅回路とフィルタ回路〜アナログ信号処理技術①〜

13 ノイズとフィルタ回路 〜低周波と高周波〜

　センサからの微弱な信号を、オペアンプを使って増幅すると、その過程で含まれているノイズも一緒に増幅されます。アナログ回路では、余計なノイズを取り除き、必要な信号だけを取り出す必要があります。そこで用いられるのがフィルタ回路です。

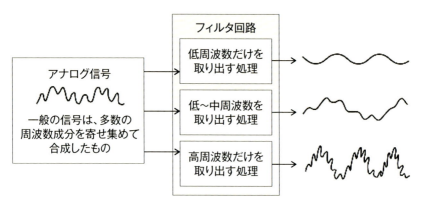

　ノイズにはいろいろな種類がありますが、大きく「低周波」と「高周波」とに分けることができます。低周波とは、下図のように振動がゆっくりと動く波形で、高周波は、波の振動が高速に動く波形です。センサでは、一般的に高周波のノイズ対策が中心となります。

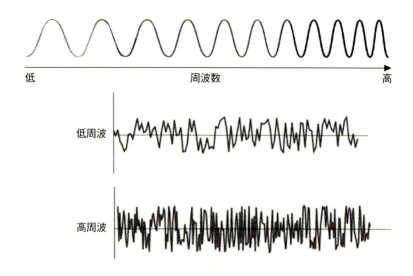

14 ローパスフィルタとハイパスフィルタ

　フィルタ回路は、「ローパスフィルタ」と「ハイパスフィルタ」の2種類があります。ある周波数より低い信号（ロー）を通過させるフィルタがローパスフィルタ（LPF）で、ある周波数より高い信号（ハイ）を通過させるフィルタがハイパスフィルタ（HPF）です。センサでは、高周波のノイズ対策を主としているので、使われるのはローパスフィルタです。

　ちなみに、バンドパスフィルタやバンドエリミネートフィルタは、通過域（または遮断域）となる周波数の範囲を決めて、特定の周波数、帯域のみを通過・遮断するもので、光学系や無線通信などでよく用いられています。

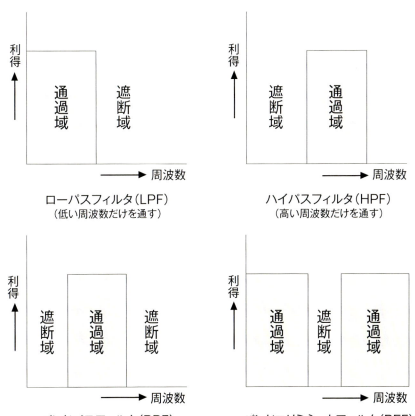

15 ローパスフィルタとRC回路

　ローパスフィルタの代表が「RC回路」です。Rが抵抗、Cがコンデンサで構成された単純な回路で電子回路ではよく使われています。回路図では下図のようになります。V_1を入力端子、V_2を出力端子として、オペアンプにつなぎます。

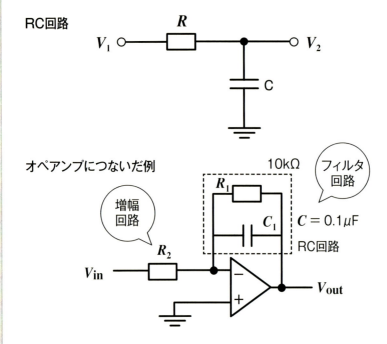

　例えば、$R = 10$ kΩ、$C = 0.1\mu$FでRC回路を構成します。この回路をオペアンプに接続すると、下図のように、ノイズを約半分にすることができます。さらにもっとノイズを削減したければ、同じ回路をもう1つ用意してつなげます。

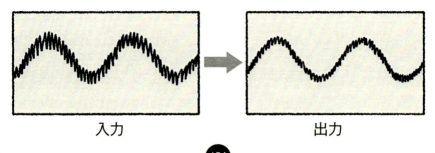

16 ローパスフィルタとハイパスフィルタの仕組み

　抵抗とコンデンサのつなぎ方を変えると、周波数の通過、遮断の機能の大きさを変えることができます。ローパスフィルタは、低い周波数だけを通過させ、高い周波数は遮断します。回路図では、高い周波数成分をコンデンサでグランド側に逃がし、低い周波数成分だけを出力します。

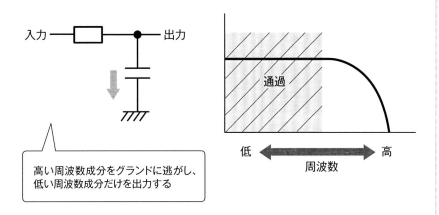

　ハイパスフィルタは、低い周波数を流れにくくし、高い周波数のみを通過させます。回路図では抵抗とコンデンサの位置が逆になります。

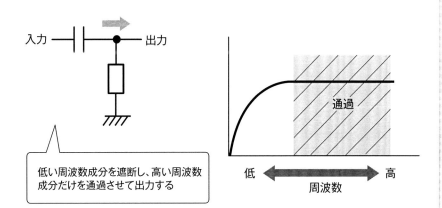

17 カットオフ周波数

　ローパスフィルタにとって周波数特性は重要です。ある周波数まで、ほぼ平行に移動する領域を「通過領域」と言います。通過領域を超えると徐々に周波数は減衰します。これを「減衰域」と言います。その境目が「時定数」と呼ばれるものです。時定数とは、入力された信号に対して、約0.7倍にあたる電圧（周波数）を指します。この周波数を「カットオフ周波数」と言います。カットオフ周波数は下りはじめのポイントで、電圧が徐々に下がって、低周波数を通さなくすることを意味します。また、周波数特性は、dB（デシベル）で表記します。0.7倍の電圧は、－3dBです。

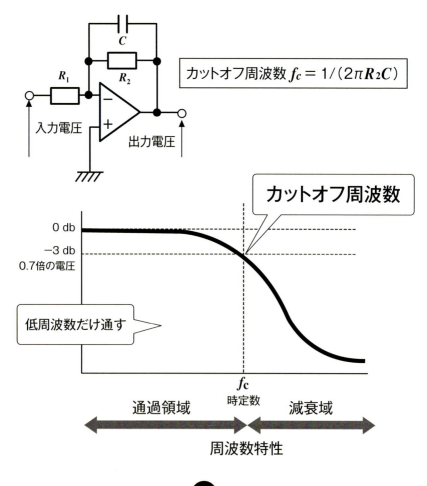

カットオフ周波数 $f_c = 1/(2\pi R_2 C)$

18 増幅回路とフィルタ回路のまとめ(応用例)

ひずみゲージ(センサ)を増幅回路とフィルタ回路を使ってマイコン側へ出力する場合の回路の一例です。ひずみゲージの出力電圧は、数μVオーダーと微小であるため、まずオペアンプを使った増幅回路で増幅させ、次にローパスフィルタ回路でノイズ対策をほどこしてからコンピュータ側へと出力します。

◆ひずみゲージ

ひずみゲージは、圧力が加わると抵抗値が徐々に変化するアナログセンサです。

◆増幅回路

オペアンプ1つでは、大きな増幅率はとれないので、約50倍の差動増幅回路と非反転増幅回路を2階使いにして(増幅率2500倍にして)センサの信号を増幅させます。

◆フィルタ回路

ノイズ除去のために、抵抗とコンデンサによるローパスフィルタ回路を構成します。また、2段使いのローパスフィルタ回路にすることで、安定した値をマイコンに出力します。

◆ゼロ点補正用回路

アナログのセンサは、温度ドリフト(P.82)や素子の個体差の影響を考慮しなければなりません。出力値の変化を吸収できるように基準電圧を可変抵抗で調整できるようにします。

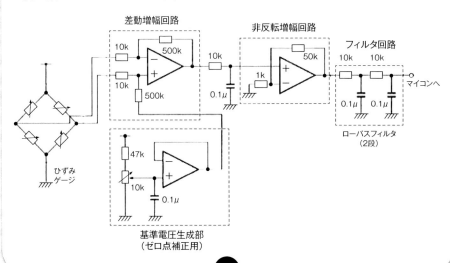

Dr.まみ先生の30分間メイキング！
センサを動かしてみよう　その5

センサから取得したデータを表示させよう！

　センサから取得したデータを表示させるには、シリアルモニタを使おう。インストールしたソフトには、すでにこの機能が入っているのでやり方は簡単だよ。画面から「ツール」をクリックして、「シリアルモニタ」をポチるだけ。センサから取得したデータの数値が表示される。CdSセンサに触れると値が変わるよ。

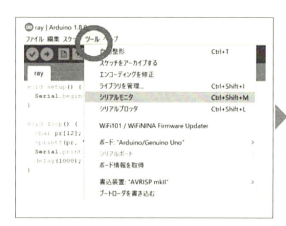 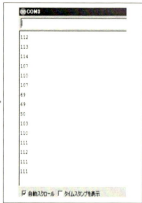

センサから取得したデータをグラフに表示させる！

　取得したデータをグラフに表示させるには、「ツール」をクリックして、「シリアルプロッタ」をポチるだけよ。

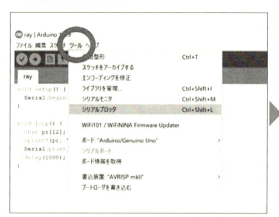 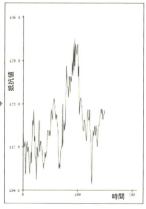

第 8 章

A/D変換器
〜アナログ信号処理技術②〜

アナログ信号をディジタル信号に変換することで、コンピュータがその情報を処理できます。
本章では、メカトロ・センサで必要なA/D変換器について説明します。

① インタフェースの基礎知識

　センサ側から出力されるアナログ信号をコンピュータが処理するには、アナログの世界とコンピュータ（ディジタル）の世界を橋渡しするツールが必要になります。そのツールを「インタフェース」と言います。インタフェースには、信号の形式を合わせる「A/D変換回路」や「D/A変換回路」、信号を発信するための「入出力（I/O）インタフェース」、信号を調整するための「レベル変換回路」などがあります。特に、センサと密に関係があるのが「A/D変換回路」です。A/Dとは「Analog to Digital」の略で、アナログ信号（電圧値）をディジタルデータとしてコンピュータに読み取らせるための回路です。

A/D変換回路
(1) センサ側からのアナログ信号をディジタル信号に変換する回路

D/A変換回路
(2) コンピュータ側からのディジタル信号をアナログ信号に変換する回路

入出力インタフェース
(3) コンピュータの処理に必要な入力・出力・データ転送などのタイミングを指定するためのインタフェース（Input/Output：I/Oと呼ばれる）

レベル変換回路
(4) 各ブロック間の信号レベルの差を調整するための回路

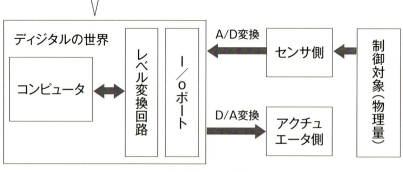

2　エンコーダとデコーダ

　私たちの世界は10進数（1、2、3…）でやり取りしています。一方、コンピュータ（マイコン）の世界は2進数で、イチとゼロの2つの値でさまざまな情報を処理しています。

　10進数から2進数に変換する回路を「エンコーダ（encoder：符号器）」と言います。逆に、2進数から10進数に変換する回路を「デコーダ（decoder：復号器）」と呼びます。エンコーダやデコーダなどのデータの変換を行う装置をまとめて「コンバータ」と呼びます。A/D変換器は、アナログからディジタルへ変換する装置なので、「A/Dコンバータ」です。

　現在、A/Dコンバータは、軍用などの特殊用途を除いて、ほとんどがモノリシックIC（シリコンのかけら1個）化されており、炊飯器からドローンまで、さまざまなメカトロ製品に搭載されています。

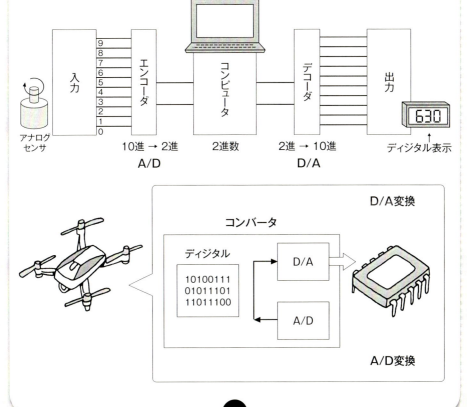

3 A/Dコンバータとコンパレータ

　アナログ信号からディジタル信号に変換する代表的な回路には、A/Dコンバータの他に、「コンパレータ」があります。

◆A/Dコンバータ
　A/Dコンバータは、アナログの電圧値をディジタル量（数値）に変換する回路です。下図は、入力電圧（5V）を0から4の範囲で変換するADコンバータのイメージ図です。「情報量」を一定の間隔で、階段状に分割して扱うのがA/Dコンバータの特徴です。

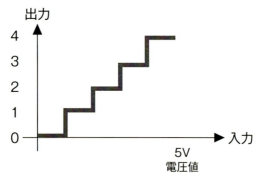

◆コンパレータ
　コンパレータは、アナログの電圧値を、ある基準値と比べて大小を判定し、その結果を出力する回路です。したがって、下図のように、「1」（大きい）か「0」（小さい）の2通りしか得られません。コンパレータは比較器とも呼ばれており、基準値より上か下かの値だけを扱いたいときに採用されています。

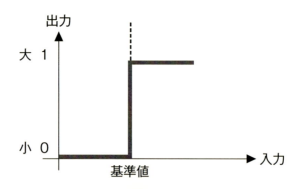

4 2進数と10進数（おさらい）

　10進数を2進数に変換するには、「位取り記数法」の原理を用いると便利です。正の整数の場合、2で次々に割りながら、その余りをビットとしてカウントしていきます。

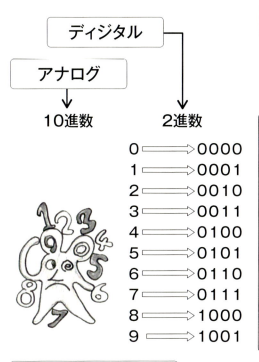

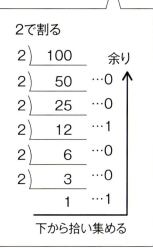

1010を10進法で表す

各桁は0と1の2通り
2進数の1桁（0または1）をビット（Bit）と呼ぶ
一桁上がると桁の重みは2倍

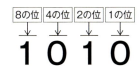

$1010 = 1×8 + 0×4 + 1×2 + 0×1 = 10$

電圧値のONとOFFは
信号のHigt、Lowに対応

	0と1の対応づけ	
	0	1
スイッチ	OFF	ON
電圧	0V 低い	5V 高い
	L	H

5 情報の単位：ビットと分解能

　コンピュータやマイコンが扱う情報量の単位には、「ビット（bit）」が用いられています。1ビットは最小単位で、0と1の2通り、例えば「明るい」「暗い」の2種類の情報を表せます。これが2ビットになると、「明るい」、「やや明るい」、「やや暗い」、「暗い」の4種類の情報を表現できます。2進数で表すと00, 01, 10, 11になります。

　このように表現できる数を「表現数」（または、段階数）と言います。表現数をどれだけ細かく分割できるのかを「分解能」と言います。例えば、32ビットは、2の32乗ですから、4,294,967,296、約43億通りの情報表現が可能です。

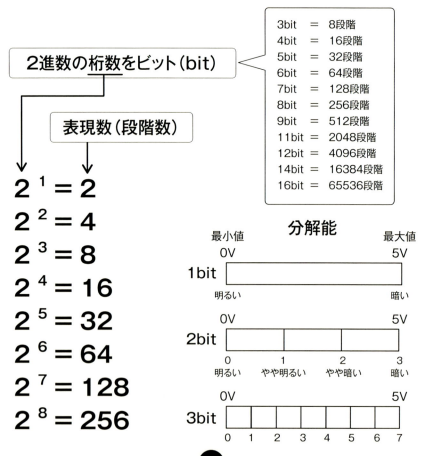

6 A/D変換の原理
～標本化、量子化、符号化～

　A/D変換回路の原理は、①標本化→②量子化→③符号化と3ステップの手順を踏みます。「標本化（サンプリングと言います）」は、ある一定の時間間隔で区切られたグラフに、取得したアナログ値をプロットしていきます。グラフは横軸が時間、縦軸が電圧です。

　次に、電圧の大きさに応じて、数値（離散的数値）化します。これを「量子化」と言います。グラフは横軸が時間、縦軸が数値（10進数）です。最後に、数値をコンピュータで扱える「0と1の組み合わせ」の2進数に変換します。これを「符号化（コード化）」と言います。このような処理を通して、コンピュータで扱えるようにしていきます。

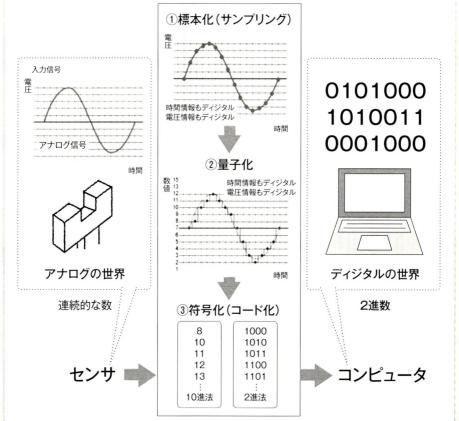

7 基準電圧(リファレンス電圧)と分解能

A/D変換では、決めておくべき重要な要素が2つあります。
それは、①「基準電圧」と②「分解能」です。

① 基準となる電圧源を決める

A/D変換器では、取得した入力信号（電圧）だけでなく、変換するための基準となる電圧の入力がもう一つ必要になります。これを「リファレンス電圧」と言います。アナログ信号の変換結果は、リファレンス電圧に対する相対量として出力されます。

◆変換したい電圧
　センサ側からの入力信号（電圧値）
◆基準電圧（リファレンス電圧）
　コンピュータの電源電圧（5Vなど）や別の電源から基準電圧を取り出し、入力として使うかどうかを決める

② 分解能を決める

分解能は、A/D変換時にどこまでアナログ信号を滑らかに識別できるか？を表す能力で、ビットで表します。例えば、基準電圧を5V（パソコンの電源電圧）とし、分解能を8ビットと決めた場合、下図のようにセンサからの入力信号は、最小値の0から最大値の1023段階となり、1段階は5V／256＝約0.02Vずつ、アナログ信号を認識させることができます。

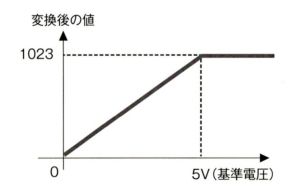

基準電圧と入出力レンジ

　基準電圧は、「入出力レンジ」とも言われます。例えば、分解能を12ビット、入出力レンジが0〜10Vでは、A/D変換器が最小分割できる電圧は、10÷4096（2^{12}）で、約2.44mVです。入出力レンジが0〜5VのA/D変換器では、5÷4096で、約1.22mVです。この結果から、入出力レンジによって、最小分割に違いがでることがわかります。A/Dコンバータの入出力レンジは、±10V、±5V、±2.5V、±1V、±0.5V、0-10V、0-5V、0-2.5V、0-1Vなど、幅広く用意されています。一般的に、センサの出力レンジと同一、もしくは少し広い範囲の入出力レンジを持ったA/Dコンバータを選定します。

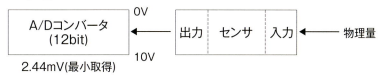

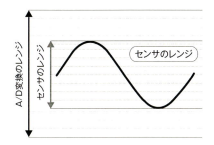

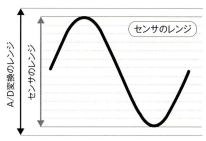

9 サンプリングレートとビット深度

　A/D変換では、「分解能」と同様に「変換速度」特性も重要です。変換速度は、「サンプリングレート」と呼ばれています。「1秒当り、時間軸を何分割してデータを取得するかという処理速度能力を意味します。単位はサンプリング/秒（SPS）です。例えば、100 Hzの場合、1秒間に100回分割できます。分割数が細かくなるほど、高速に処理ができます。

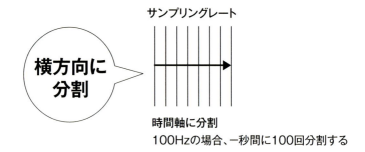

　分解能は電圧軸（縦軸）方向の変換の細かさを表しています。サンプリング・レートは時間軸（横軸）方向の変換の細かさを表しておりますが、これを別の言い方で「ビット深度」と言います。ビット深度もとても重要な特性です。

　分解能は、サンプリングレートの1つ1つに、「ビット数」でデータを割り当てます。例えば、ビット数が「16 bit」とすると、サンプリングの1つに対して、2の16乗（65536）の情報量が与えられます。

10 A/D変換方式

　A/D変換器は、変換速度と分解能の特性の違いによって、さまざまな変換方式があります。最も高分解能で処理できる方式は、ΔΣ（デルタ・シグマ）方式です。一方、最も高速に処理できる方式は、フラッシュ方式です。A/D変換器は一般的に、「高い分解能は得られるが、変換速度は低い」というトレードオフの関係にあります。したがって、制御対象やセンサの特性、用途などを検討して、変換方式を選ぶ必要があります。メカトロ装置では、逐次比較方式やΔΣ方式が多用されています。

アナログ・デジタル変換回路の方式

名称 (方式)	サンプリングレート (Hz)	分解能 (bit)	特徴	用途
フラッシュ形 （並列比較形）	10G～10M	6～12	高速・大規模	高速測定器
パイプライン形	200M～10M	8～14	高速・高分解能	映像、通信
逐次比較形	10M～10k	8～16	低消費電力	マイコン
ΔΣ形	10M～10	12～24	高分解能	音声処理、計測、通信
二重積分形	1k～10	12～24	高精度	計測

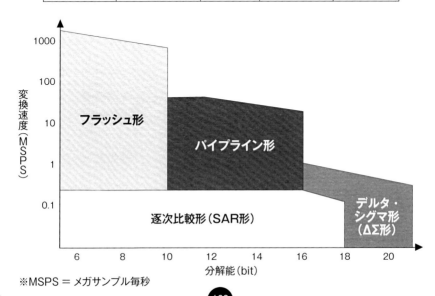

※MSPS＝メガサンプル毎秒

A/D変換の単位:
リファレンス電圧と1 LSB

　分解能を「精度」と表現することもありますが、実際の精度は、基準電圧に対する2進数の最下位を意味するビットです。これを、LSB（Least Significant Bit）と言います。例えば、8ビットは256段階の分解能です。基準電圧を5VとしたときのLSBは、5/256＝約0.02 Vになります。

$$LSB = V_{ref}/分解能　(※V_{ref}：リファレンス電圧)$$

最上位ビットは、MSB（Most Significant Bit）で表します。

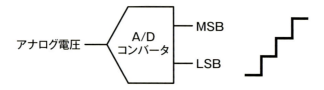

バイトとは、一般的に8ビットを1つにまとめた単位です。

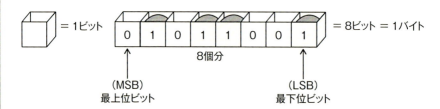

ビット数	分解能	基準電圧5Vの時 LSB
8	256	0.02（V）
10	1024	0.004（V）
12	4096	0.001（V）1（mV）
16	65536	0.00008（V）0.08（mV）
20	1048576	0.005（mV）

12 分解能と精度の違い

　精度は、基準電圧を指定しないときに、分解能を使って（％）で表現することができます。例えば、8ビットを精度で表すと、1/256 = 0.0039=「0.39％以下の精度」となります。

　「分解能」と「精度」の違いをアナログ時計で説明します。一般的なアナログ時計は、長針・短針・秒針を持つ三針式です。この時計の分解能は「1秒」です。一方で、機械式のアナログ時計の場合、新しいものでも1日に数秒程度の誤差が生じます。この誤差が精度です。分解能とはその装置の「一番小さいひと刻み」であり、それは、その装置のしくみによって決められた値です。一方、精度はその装置が「動くときの正確さ・精密さ」であり、その装置の使い方や環境、メンテナンスの度合い、使用時間などによって変化します。センサのカタログに記載されている分解能は固定ですが、精度は、新品のものであっても、環境や使い方によって変わるので注意が必要です。

ビット数	分解能	精度（％）
8	256	0.39
10	1024	0.10
12	4096	0.024
16	65536	0.0015
20	1048576	0.0001

変換可能なディジタル量

1/分解能（×100：％）
変換されるディジタル量の正確さ

13 センサ（分解能）の目安と選定ポイント

　センサの「分解能」は、目的とする制御量と同じか、もしくは、それ以上の「分解能」を選びます。例えば、1μm単位で位置決め制御をしたい場合は、分解能は1μm以下のセンサを選ばなければならないということです。そして、1μmの分解能を保証するには、分解能の1/10〜1/20倍の「精度」、つまり、0.1μm〜0.05μmが目安となります。

　一方で、センサは、必要以上に分解能が良すぎても意味がありません。1μm単位を制御するのに、0.0001μmまで測れるセンサは宝の持ち腐れです。

◆分解能の目安（例）

要求	「0℃〜100℃の温度を計測する」これを10℃単位で計測したい
結果	1/100の精度が必要です。
選定	分解能8ビット（2の8乗 ＝ 256分割）のセンサを採用

要求	「0℃〜100℃の温度を計測する」これを0.1℃単位で計測したい
結果	1/1,000の精度が必要です。
選定	分解能12ビット（2の12乗 ＝ 4,096分割）のセンサを採用

要求	「0℃〜100℃の温度を計測する」これを0.01℃単位で計測したい
結果	1/10,000の精度が必要です。
選定	分解能16ビット（2の16乗 ＝ 65,536分割）のセンサを採用

14 A/Dコンバータのデータシートの見方

A/Dコンバータの仕様には、ユニット数、入力チャンネル、A/D変換方式、分解能、サンプリングレート、動作モードなどが記載されています。

ユニット数は、マンションにたとえると、1階、2階といった「階」に値します。通常、ユニットは、その階ごとに独立に動作します。そして、その階には、いくつかの部屋があります。これがチャンネルで、「ch」と表します。下記のA/Dコンバータの仕様では、2階建て（2ユニット）で、4つのアナログ入力部屋（4ch）が用意されています。

動作モードには、シングルモードとスキャンモードがあります。シングルモードは、指定された1chのアナログ入力を選んで1回のみA/D変換します。スキャンモードは、指定されたアナログ入力を順次、連続してA/D変換します。スキャンモードには、A/D変換を繰り返し行うものと、設定されたチャンネルを1サイクルのみ行う1サイクルスキャンがあります。

A/Dコンバータの仕様例

項 目	仕 様
ユニット数	2ユニット
入力チャンネル	各ユニット4ch（計8ch）
A/D変換方式	逐次比較方式
分解能	10ビット
サンプリングレート	1chあたり1.0μs
動作モード	・シングルモード
	・スキャンモード
A/D変換クロック	PCLK
A/D変換開始条件	・ソフトウェアトリガ
	・外部トリガ
機能	・サンプル&ホールド機能
	・サンプリングステート数可変機能
	・A/Dコンバータの自己診断機能
割り込み要因	・A/D変換終了後で、割り込み要求を発生
	・割り込みデータトランスコントローラの起動可能
消費電力低減機能	ユニットごとにモジュールストップ状態の設定可能

15 A/D変換器のまとめ

サンプリングレート ＝ 何秒に1回,データを取得しているか
サンプリング周波数 ＝ 1秒間に何回データを取得しているか
サンプル周期 ＝ データをサンプリングする時間間隔

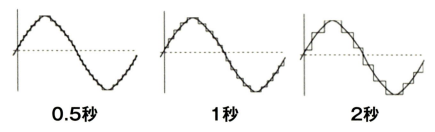

| 0.5秒 | 1秒 | 2秒 |

変換速度が速いほど、再現性の高い、細かい変換が可能

基準電圧（V_{ref}）10Vの場合

分解能＝bit		精度
8bit	256段階	39 mV
10bit	1024	0.98 mV
12bit	4096	0.24 mV
16bit	65536	0.015 mV
24bit	1700万	0.06 μV

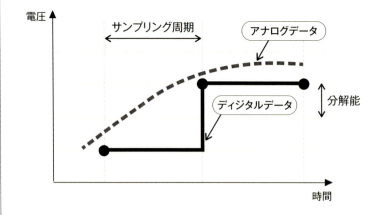

参考資料①

SI組立単位（例）

組立量	SI組立単位	
	名称	記号
面積	平方メートル	m^2
体積	立方メートル	m^3
速さ、速度	メートル毎秒	m/s
加速度	メートル毎秒毎秒	m/s^2
波数	毎メートル	m^{-1}
密度、質量密度	キログラム毎立方メートル	kg/m^3
面積密度	キログラム毎平方メートル	kg/m^2
比体積	立方メートル毎キログラム	m^3/kg
電流密度	アンペア毎平方メートル	A/m^2
磁界の強さ	アンペア毎メートル	A/m
量濃度、濃度	モル毎平方メートル	mol/m^3
質量濃度	キログラム毎平方メートル	kg/m^3
輝度	カンデラ毎平方メートル	cd/m^2
屈折率	（数の）1	$1^{(a)}$
比透磁率	（数の）1	$1^{(a)}$

（注）量は数値で表し、単位記号 "1" は表示しない

固有の名称と記号で表されるSI組立単位

組立量	SI組立単位			
	名称	記号	他のSI単位による表し方	SI基本単位による表し方
平面角	ラジアン	rad	1	m/m＝1
立体角	ステラジアン	sr	1	$m^2/m^2＝1$
周波数	ヘルツ	Hz		s^{-1}
力	ニュートン	N		$kgms^{-1}$
圧力、応力	パスカル	Pa	N/m^2	$kg\ m^{-1}s^{-2}$
エネルギー、仕事、熱量	ジュール	J	N/m	$kg\ m^2s^{-2}$
仕事率、工率、放射束	ワット	W	J/s	$kg\ m^2s^{-3}$
電荷、電気量	クーロン	C		As
電位差（電圧）、起電力	ボルト	V	W/A	$kg\ m^2s^{-3}A^{-1}$
静電容量	ファラド	F	C/V	$kg^{-1}m^2s^4A^{-2}$
電気抵抗	オーム	Ω	V/A	$kg\ m^2s^{-3}A^{-2}$
コンダクタンス	ジーメンス	S	A/V	$kg^{-1}m^{-2}s^3A^2$
磁束	ウェーバ	Wb	Vs	$kg\ m^2s^{-2}A^{-1}$
磁束密度	テスラ	T	Wb/m^2	$kg\ s^{-2}A^{-1}$
インダクタンス	ヘンリー	H	Wb/A	$kg\ m^2s^{-2}A^{-2}$
セルシウス温度[注]	セルシウス度	℃		K
光束	ルーメン	lm	cd sr	cd sr
照度	ルクス	lx	lm/m^2	$cd\ sr\ m^{-2}$
放射性核種の放射能	ベクレル	Bq		s^{-1}
吸収熱量、比エネルギー分与、カーマ	グレイ	Gy	J/kg	m^2s^{-2}
熱量当量、周辺線量当量、方向性線量当量、個人線量当量	シーベルト	Sv	J/kg	m^2s^{-2}
酵素活性	カタール	kat		$mol\ s^{-1}$

（注）0℃＝273.15K

第8章 A／D変換器〜アナログ信号処理技術②〜

参考資料②

SI接頭語

倍数	接頭語	記号	倍数	接頭語	記号
10^{-1}	デシ	d	10^{1}	デカ	da
10^{-2}	センチ	c	10^{2}	ヘクト	h
10^{-3}	ミリ	m	10^{3}	キロ	k
10^{-6}	マイクロ	μ	10^{6}	メガ	P
10^{-9}	ナノ	n	10^{9}	ギガ	M
10^{-12}	ピコ	p	10^{12}	テラ	T
10^{-15}	フェムト	f	10^{15}	ペタ	P
10^{-18}	アト	a	10^{18}	エクサ	E
10^{-21}	ゼプト	z	10^{21}	ゼタ	Z
10^{-24}	ヨクト	y	10^{24}	ヨタ	Y

漢字表記

単位	SI接頭辞	大きさ	単位	SI接頭辞	大きさ
十	da（デカ）	10の1乗	秭（じょ）	Y（ヨタ）	10の24乗
百	h（ヘクト）	10の2乗	穣（じょう）		10の28乗
千	k（キロ）	10の3乗	溝（こう）		10の32乗
万		10の4乗	澗（かん）		10の36乗
（百万）	M（メガ）	10の6乗	正（せい）		10の40乗
億		10の8乗	載（さい）		10の44乗
（十億）	G（ギガ）	10の9乗	極（ごく）		10の48乗
兆	T（テラ）	10の12乗	恒河沙（こうがしゃ）		10の52乗
（千兆）	P（ペタ）	10の15乗	阿僧祇（あそうぎ）		10の56乗
京（けい、きょう）		10の16乗	那由他（なゆた）		10の60乗
（百京）	E（エクサ）	10の18乗	不可思議（ふかしぎ）		10の64乗
垓（がい）		10の20乗	無量大数（むりょうだいすう）		10の68乗

著者紹介

西田 麻美（にしだ まみ）

電気通信大学大学院電気通信学研究科知能機械工学専攻博士後期課程修了。工学博士。国内外の中小企業や大手企業に従事しながら、搬送用機械、印刷機械、電気機器、ロボットなど機械設計・開発・研究業務を一貫し、数々の機器・機械を約20年に渡って手がける。現在は、大学教員として奉職する傍ら、2017年に株式会社プラチナリンクを設立（代表取締役）。メカトロニクス・ロボット教育および企業の技術指導を専門に、人材育成コンサルティングを行う。自動化推進協会常任理事技術委員長、電気通信大学一般財団法人目黒会理事技術委員長などを歴任。

書籍・執筆多数（日刊工業新聞社）。メカトロニクス関係のTheビギニングシリーズは、「日本設計工学会武藤栄次賞Valuable Publishing賞（2013年）」、「関東工業教育協会著作賞（2019年）」を受賞。日本包装機械工業会「業界発展功労賞（2017年）」など各種教育活動で表彰される。

株式会社プラチナリンク　URL：https://platinalink.co.jp/

メカトロ・センサ The ビギニング 制御に用いるセンサの選定と使い方

NDC 548.3

2019 年　9 月 20 日　初版 1 刷発行
2024 年 12 月 20 日　初版 3 刷発行

（定価はカバーに表示されております。）

ⓒ 著　者　　西　田　麻　美
　 発行者　　井　水　治　博
　 発行所　　日刊工業新聞社
　　　　　　〒103-8548　東京都中央区日本橋小網町14-1
　　　　電　話　書籍編集部　東京　03-5644-7490
　　　　　　　　販売・管理部　東京　03-5644-7403
　　　　　　　　Ｆ Ａ Ｘ　　　　　　03-5644-7400
　　　　　　　　振替口座　00190-2-186076
　　　　　　　　URL　https://pub.nikkan.co.jp/
　　　　　　　　e-mail　info_shuppan@nikkan.tech

本文イラスト　にしだ まみ
ブック・デザイン　志岐デザイン事務所
印刷・製本　新日本印刷株式会社（POD2）

落丁・乱丁本はお取り替えいたします。　　2019　Printed in Japan
ISBN 978-4-526-08001-2

本書の無断複写は、著作権法上での例外を除き、禁じられています。

日刊工業新聞社の好評図書

制御工学 The ビギニング

西田 麻美 著
A5判190頁　定価（本体1800円+税）

　メカ屋にとって必須の技術ではあるが、どの本を見てもちょっと難しい制御工学。本書は、機械設計者がメカの動きを制御するのに必要な、「これだけは知っておかなければいけない」制御工学の知識、①制御工学の肝、②フィードバック制御と安定性・追従性、③制御システムを評価するための過渡応答の知識、④PID制御の勘どころ、⑤周波数特性とボード線図の読み方、⑥伝達関数のルール、などについて、イラストや図面、写真を用いて、楽しくやさしくわかりやすく紹介する本。

＜目次＞
第1章　制御工学のはじめの一歩
第2章　制御の「種類」と「分類」
第3章　制御工学と言えば「フィードバック制御」
第4章　「フィードバック制御」と言えば「PID制御」
第5章　伝達関数と「等価変換」
第6章　制御工学は「モデリング」からはじまる
第7章　実践式で理解しよう「ラプラス変換」と「伝達関数」
第8章　「ステップ応答」のいろは
第9章　「周波数応答」のいろは

モータ制御 The ビギニング

西田 麻美 著
A5判192頁　定価（本体1800円+税）

　機械設計者がモータを使いこなすために必要な、「これだけは知っておかなければいけない」モータとその周辺の知識について、イラストや図面、写真を用いて、楽しく、やさしく、わかりやすく紹介する本。とくにモータの種類と特徴、モータ周辺の回路、スペックの見方、制御方法、そして、それぞれの選定について丁寧に説明。学生から現場の初級技術者にまで役立つ内容になっている。

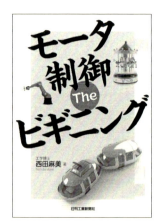

＜目次＞
第1章　モータ制御のための基礎知識について知っておくべきこと
第2章　モータについて知っておくべきこと
第3章　負荷・メカニズムについて知っておくべきこと
第4章　電気系の基礎についてこれだけは知っておくべきこと
第5章　サーボモータの選定手順について知っておくべきこと